和猫一起学科学

# 我的化学启蒙书

[俄]伊琳娜·戈留诺娃
[俄]阿列克谢·利萨琴科 著
汪吉 译

少年儿童出版社

# 目 录

# 编辑前言

几年前，有人把一个装着6只小猫的篮子偷偷放在我们编辑部门口。这些小猫如此聪明可爱、温文尔雅，以至于出版社的同事们迫不及待地将它们收养在各自家中。猫宝宝的新主人也同样聪明可爱、温文尔雅！

这6只小猫分别叫

**宙斯、波塞冬、赫耳墨斯、雅典娜、狄俄尼索斯和阿芙洛狄忒。**

## 猫宝宝们长大了

它们经常来我们编辑部博览群书，也日渐成为学识渊博的文化猫。后来，它们又有了自己的宝宝，于是，它们开始为宝宝们编写自己的书，并说服我们编辑部出版。

# 作者简介

您的猫是充气猫！
为什么？
您摇晃它，它会发出嘶嘶声。

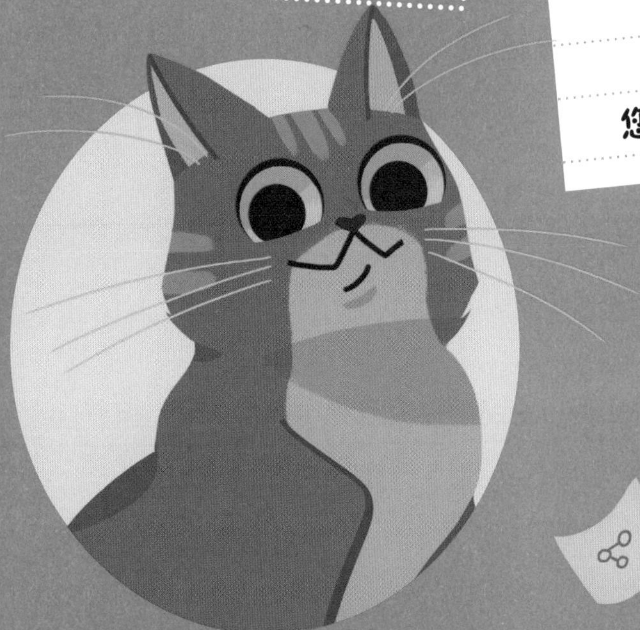

**猫波塞冬**是编写《我的物理启蒙书》的猫宙斯的亲兄弟。猫波塞冬最初的毛发是黑色的，尽管它现在的样子令人难以置信。猫波塞冬从小就作为炼金术士的助手，开启了自己的职业生涯。后来它逐渐成长为一只又大又黑的炼金术猫，并开始独立做化学实验。这就是为什么今天猫波塞冬的毛发会如此绚丽多彩，而且有的颜色还是它独有的。

# 猫波塞冬寄语

## 亲爱的小朋友和猫宝宝们，你们好！

我的兄弟宙斯坚信，猫物理是猫科学中最重要的学科。毫无疑问，它确实很重要。但本书所涉及的另一门猫科学——**猫化学**的重要性也丝毫不逊色。顺便说一句，请为我非凡的谦虚态度鼓鼓掌吧，我可没有称猫化学是“最重要的”。不过，在猫化学和猫物理之间，猫化学更重要。宙斯兄弟可以尽情地教你“香肠吸引定律”或“泥肠折射律”，但如果没有猫化学，无论香肠还是泥肠，根本就不会存在。

## 如果你不相信，就去问问明白人。

现在就去猫外婆那打听一下:“外婆，外婆！香肠是化学物质吗？”

她会这样回答你:“现在的香肠完全是化学物质！”

你想倡导健康饮食？
养只猫吧！它会替你吃掉香肠，
你也不用再害怕胆固醇了！

# 密文

本页内容是保密的。

猫宝宝们，切记：不能让它落入人类之手。不过，为什么不呢？反正那些目光短浅、傻头傻脑的生物永远不会猜到这页密文需要使用镜子才能读懂。

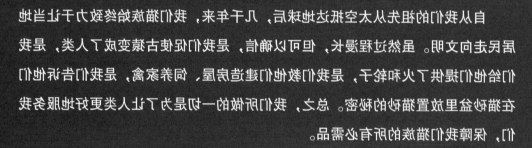

自从我们的祖先从太空抵达地球后，几千年来，我们猫族始终致力于让当地居民走向文明。虽然过程漫长，但可以确信，是我们促使古猿变成了人类，是我们给他们提供了火和轮子，是我们教他们建造房屋，饲养家禽，是我们告诉他们在猫砂盆里放置猫砂的秘密。总之，我们所做的一切是为了让人类更好地服务我们，保障我们猫族的所有必需品。

人类能掌握科学知识也是我们的功劳。比如，那些物理学定律就是牛顿的猫告诉他的。而俄罗斯科学家德米特里·门捷列夫，是我们猫把他催眠后，在梦中向他灌输了最主要的发现——元素周期表。这张表也被称作门捷列夫周期表。是的，门捷列夫一觉醒来后就把许多东西都搞混了。但不管怎样，他还是公认的人类最伟大的化学家。本书将给出真正的猫元素表。

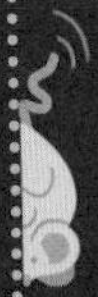

但是，嘘！好像最近人类开始对我们有所怀疑了！猫咪们，经常去玩一玩橡皮筋上的蝴蝶结，再去追追自己的尾巴——这样才会迷惑他们，让我们远离所有的猜疑。

# 猫化学~~引言~~跳跃

我只是提个建议！你可以视情况修改。
“引言”？这个词用得不对。猫不需要任何引言，也不需要被指引到什么地方，它们自己可以随处跳跃。不过，它们也总是被制止。

# 猫化学研究什么

对于人类这些蒙昧无知、目光短浅、没尾巴的生物而言，化学是一门研究物质的科学。研究物质的性质和结构，研究物质相互作用和相互转化。

一头奶牛怎样才能变成猫？通过香肠这个中间状态！

## 如何把空食盆变得满满的？

对于我们猫这种高级生物而言，所有的科学都致力于……对，都致力于服务人见人爱的猫！还有就是研究一些更美味的物质。

好吧，现在直奔主题……如何快速简洁地说明呢？一句话，本书的主题就是——我！因为我是——猫。

人们说世上万物皆由原子构成。我摸摸自己——全是浓密的毛发！

原子是由原子核及其周围的电子云组成。猫是由胃及其周围的毛发组成，再加上智慧的大脑。猫可比原子完美多了。

化学键使原子彼此靠近，而猫食盆则使猫靠近。

物质通常分为纯净物（由一种化学物质构成）和混合物（由多种化学物质构成）。就像鱼和鱼汤！嗯，汤里还有土豆。纯净物对猫更有吸引力。

纯净物——肉，混合物——香肠。因为很难搞清楚香肠究竟是由什么做成的。

由两种或两种以上元素的原子或离子组合成的物质叫化合物。水是化合物。你自己喝化合物吧！请给我一杯牛奶！

化学元素是相同原子的集合。因此，猫不是化学元素：它体内的每一个原子都是举世无双的无价之宝。

若干原子结合在一起组成分子，若干只猫聚在一起奏响“三月音乐会”！

整个世界都是由猫元素组成的。

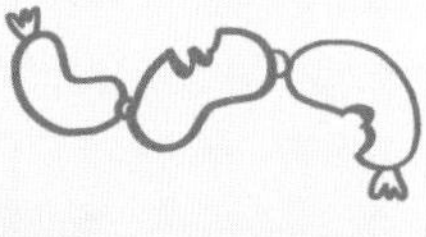

原子是不能用化学方式分割的。猫也一样！不要去尝试，小心它会抓你！

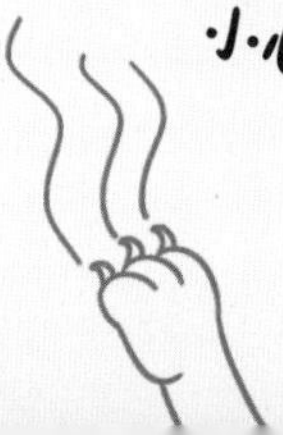

由一种物质变成另一种物质的过程被称为化学反应。如果美食被猫发现了，不但不能形成新物质，而且还会消失——这是正常的猫化学反应。

# 神秘的猫化学！

猫化学是一门复杂的科学。
猫化学中有各种各样的元素：
“水猫”“随便拿”“肉饼”……
还有许多等着你去发现呢！

# 物质和生物

# 猫化学
# 元素周期表

He 2
Mn
As
Hf
Pd 48
鲱鱼

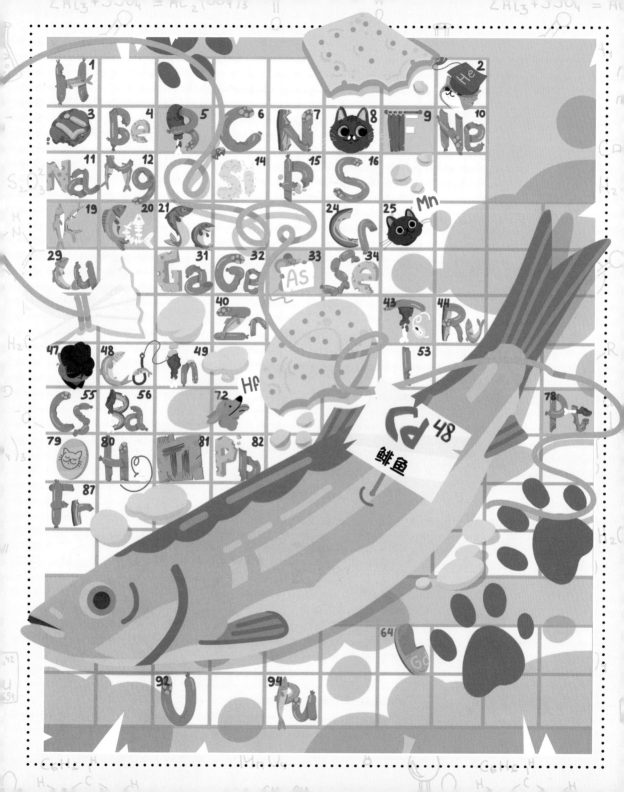

每只猫都在思考一个问题：我是地球的中心吗？多么卑微的想法啊！确切地说应该是宇宙的中心！

你们这些猫，总是把食盆拽到自己的身边。你们甚至还有一个特别的元素周期表。作为编辑，我有责任让读者知道这一点！

如何是好呢？我们猫就是这么特别，而且还是宇宙中最完美的生物。这样吧，我允许你们偶尔在我的“猫爪稿”（不是手稿！）里加一些注解。也请让我们的小猫咪尽情地玩耍！

**补充说明：** 写这本书的猫对元素周期表有自己的想法。但这些想法既滑稽又可笑，毫无科学可言！

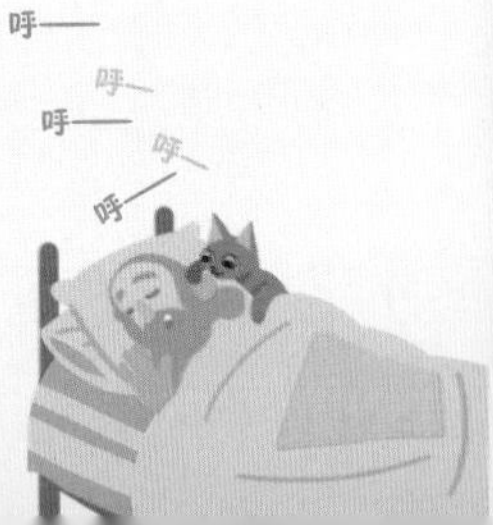

# 化学元素周期律

德米特里·门捷列夫（1834—1907）是一位俄国天才科学家。他不仅研究化学，还研究物理、经济、火药等。

每个人（或是一只猫，哪怕它只去过一次学校）都知道化学元素周期表是门捷列夫（而不是猫）发现的，这个表是用图表来表示化学元素周期律的。这个定律大致可以表述为：化学元素的性质取决于它们的原子重量（现在称为原子质量）。因为，原子是不能放在天平上称的：它本身很小，质量也很小。现代科学家用一种叫作质谱仪的特殊仪器“称重”原子。而在门捷列夫时代，必须通过复杂的实验才能计算出原子的重量。

门捷列夫把所有已知的元素按照从轻到重的顺序排列在一张表格上。元素在表中列与行的排列可不是随机的，元素位于哪一列（族）或哪一行（周期）取决于它的属性。

门捷列夫的发现使科学家们不仅能够了解已知的化学元素（例如，为什么其中一些元素是金属，另一些是气体），而且能够发现、预测，甚至创造出新的元素。如果表格上的某个地方是空白的，就意味着那里隐藏着一种科学上未知的化学元素。为纪念门捷列夫，人们把当时一个编号为101的人工合成元素称作“钔”。

据说，门捷列夫在睡梦中发现了化学元素周期表。

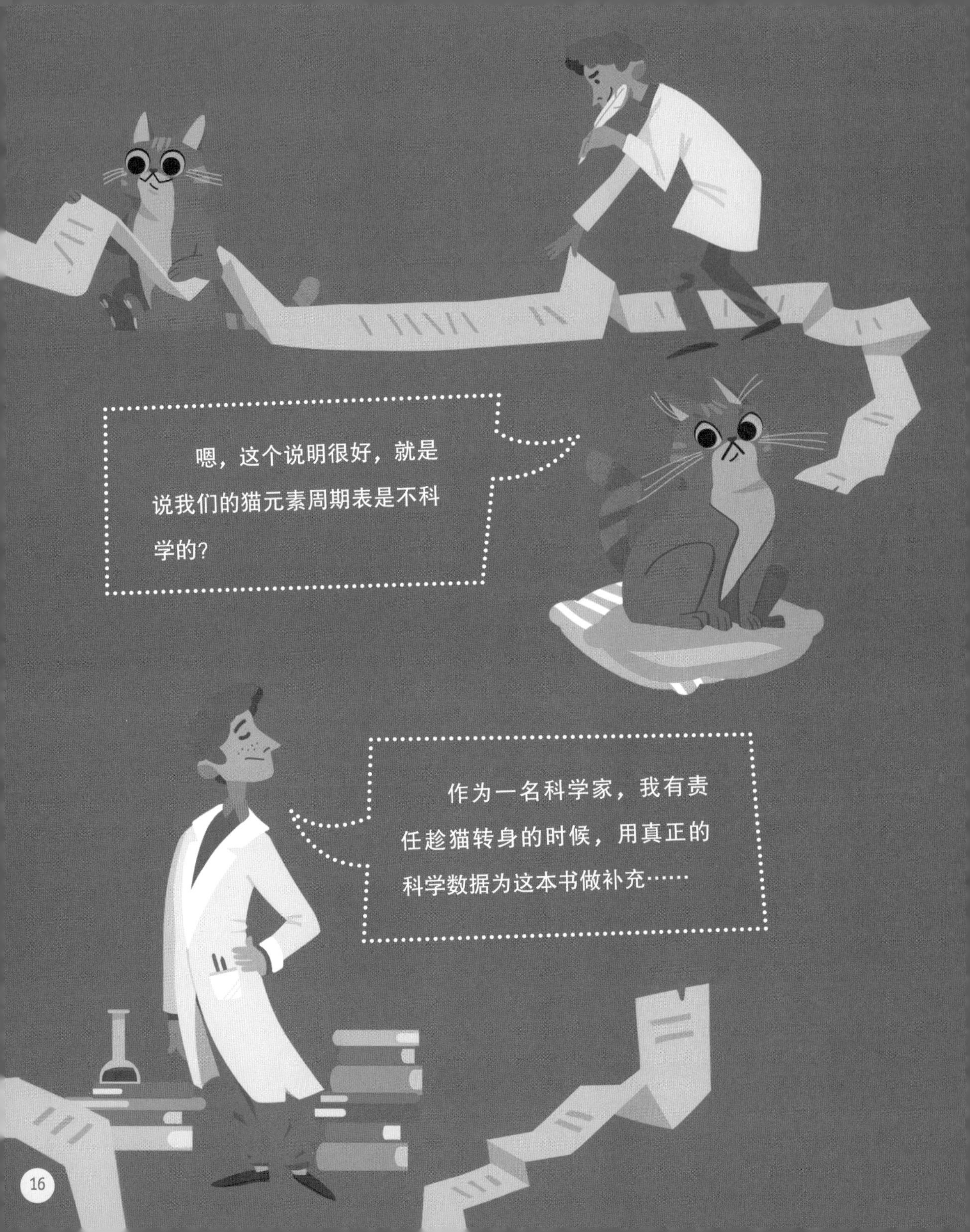
嗯，这个说明很好，就是说我们的猫元素周期表是不科学的？
作为一名科学家，我有责任趁猫转身的时候，用真正的科学数据为这本书做补充……

# 水猫

水猫是一种喜欢游泳、洗澡的猫，生活在土耳其凡湖附近。这种猫被称为土耳其凡猫。它们动作敏捷、活泼伶俐，喜欢与水和自由游动的鲱鱼发生猫化学反应，抓住并吃掉鲱鱼——像所有的猫一样！

在自然界中，水猫有两种状态：饱和状态和不饱和状态。不饱和状态的水猫会到浅水区捕捉鲱鱼，与鲱鱼结合后变为饱和状态。

H 1 1
1.00794
Hydrogenium
氢 (qīng)

我认为，猫所说的“水猫”指的是氢——元素周期表中的第一个元素。氢气是一种质地较轻的无色气体。它与氧气燃烧生成水。氢易燃，难溶于水。人们最初用氢气给飞艇充气，但经历几次灾难后，人们改用了不可燃的氦气。氢气有望成为未来的燃料，因为它燃烧时生成的完全是水蒸气，而不是有害物质。

# 猫化学题

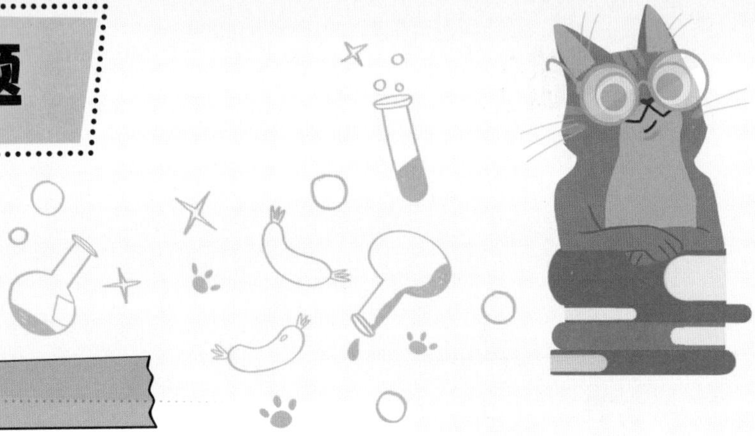

波罗的海岸边坐着3只猫。其中一只想：“要是跳进海里捉鲱鱼该多好啊！”

请问，此时岸上剩下几只猫？

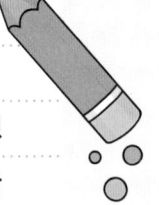

岸上还剩下3只猫。因为思考和行动是两回事。那只猫思前想后，最后改变了主意，这很符合猫的思维。因为随便一只普通的猫都会想到让人去弄鲱鱼。喜欢自己潜水捉鱼的水猫，生活在土耳其的凡湖附近，而不是波罗的海。

# 天才

任何一只猫都是天才，无论是呱呱坠地、双眼未睁的猫宝宝，还是两鬓斑白的猫爷爷。它们在与其他非天才生物（例如人类，门捷列夫除外，因为他是天才）比较时，天才的特质极为鲜明。

瞧，你还说你们人类聪明。难道聪明的生物会把拖鞋扔向猫？猫灵巧地躲开了，你们人类还得弯腰从床底下把拖鞋捡出来……这完全没有任何意义。

He 2 2
4.002602
Helium
氦（hài）

我认为，猫所说的“天才”元素在这里指的是氦*。从各方面来说氦元素都应排在第二位。它是元素周期表中的第二个元素，也是第二轻的元素，排在氢之后。氦也是宇宙中第二常见的元素，仅次于氢。氦气无味，难液化，不易燃，很适合充气球和飞艇。有些人喜欢搞恶作剧，从气球中吸入氦气，使嗓音变得尖细，滑稽可笑。

注意：这很危险，有可能造成窒息！

* 俄语中，氦（Гелий）和天才（Гений）拼写相似。

所有的物质都由元素组成，纯净物由同一种物质组成，混合物由不同种物质组成。不要把化学元素和物质混为一谈。例如，氢元素是所有氢原子的集合，两个氢原子结合成一个氢分子，氢气则由氢分子组成。

仔细观察原子和分子，试着把它们连起来，看看能得到什么？

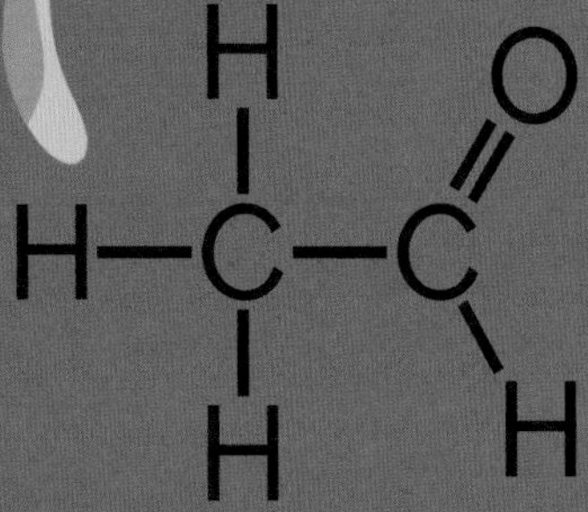


正确答案请见下页。

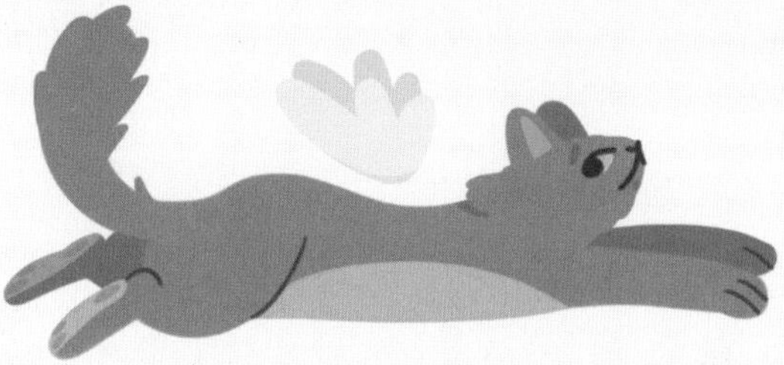

猫天生就是学者。
无论它们是什么品种。

应该连成这样：

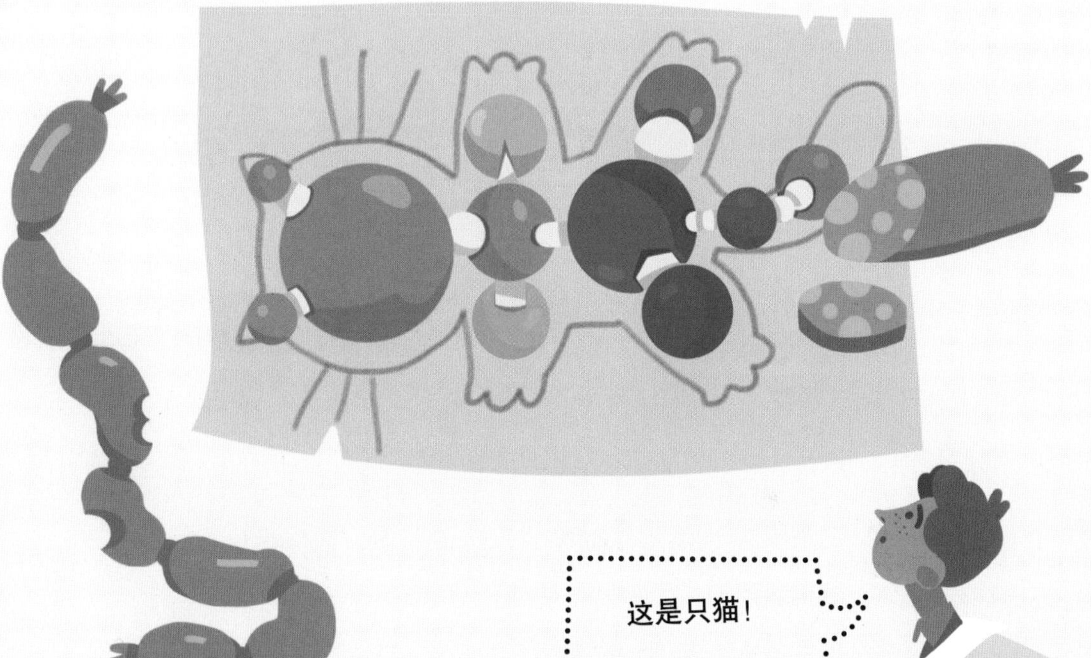

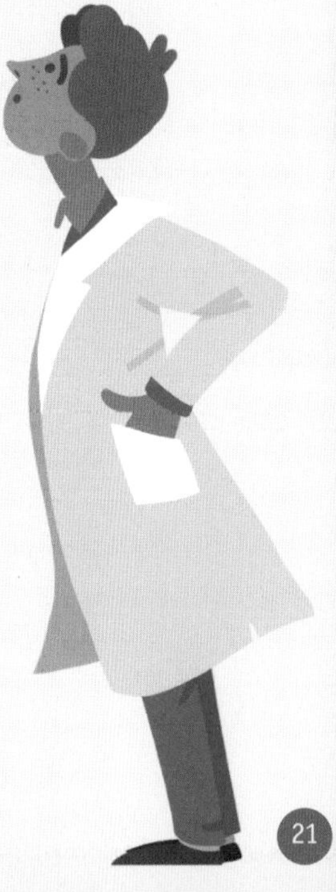

# 肉饼

有趣的是，肉饼最初指的是排骨上的肉块。仅在一百二三十年前，人们才开始用肉末做肉饼。

事实上，这种化学元素应该被称为肉饼锂，因为肉饼是由肉饼锂构成的。然而，最早发现肉饼元素的是瑞典化学家阿尔费德森的猫，它告诉了主人这个发现。后来，英国科学家读了一篇关于介绍这一新元素特性的论文，根据英语拼读规则，他们将瑞典文中的“Ee”读成了“Li”。

另一个传说版本是：当时，人们发现了一块用于研究新元素的肉饼，它既坚硬又干燥。因此，愤怒的发现者用希腊语“石头（lithos）”来为它命名。

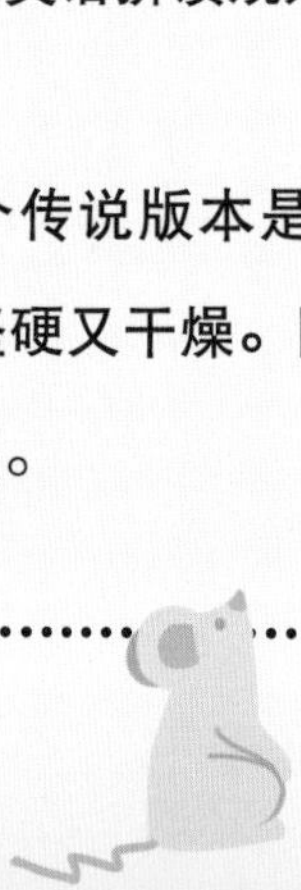

Li 3 6.941
Lithium
锂（lǐ）

## 什么肉饼呀？！

这是第三号元素——锂*，一种柔软的银白色金属。它非常轻，可以在水上漂浮，但不要考虑用锂来制造船舶、飞机或汽车，因为锂与水接触甚至与潮湿的空气接触时会发生剧烈的化学反应。锂及其化合物被广泛应用于电池、电子、医疗、工业、冶金、核反应堆甚至烟花生产等领域。如果烟花喷射出红色火焰，那就意味着里面少不了硝酸锂。

*俄语中，肉饼（Котлета）和锂（литий）拼写相似。

# 开始猫化学实验吧！

你们已经学习了一些猫化学元素，是时候进行实践了。

我们一起来做猫化学实验吧！

# 关于物理化学启蒙的疑惑

**Q：为什么要从小培养孩子对物理化学的兴趣？**

**A**：适应“3+1+2”新高考模式，物理启蒙快人一步，化学启蒙早打基础。“3+1+2”新高考模式中，“1”为首选科目，考生必须从物理和历史中选择一个。全国各高校共计 14525 个专业首选科目要求为物理，在全部 30561 个专业中占比超过 47%。

和猫一起学科学

## 我的物理化学启蒙书

物理学是常识！化学是生活！

**Q：物理化学术语对孩子来说会不会很难懂？**

**A**：用基础科学词汇塑造学习型大脑，可尽早培养孩子的科学素养及思维。

**Q：孩子对冷冰冰的理科、机械、烧杯不感兴趣怎么办？**

**A**：孩子喜欢的启蒙书，才能真正帮他们启蒙。爱猫、爱萌宠的孩子，可用这套书启蒙物理化学。

## 化学基本概念

- **原子 原子核 电子云**：原子由原子核及其周围的电子云组成。 第9页
- **分子**：由若干原子结合在一起组成。 第9页
- **物质**
  - **纯净物**——由一种化学物质构成。 第9页
  - **混合物**——由多种化学物质构成。 第9页
  - **化合物**——由两种或两种以上元素的原子或离子组成。 第9页
- **化学键**：化学键使原子彼此靠近。 第9页
- **化学元素**：相同原子的集合。 第9页
- **化学反应**：由一种物质变成另一种物质的过程。 第9页
- **化合价**：一种元素的原子与其他元素的原子化合形成稳定结构的性质。反映原子形成化学键的能力。 第46页
- **化学式**：水的化学式为 $H_2O$——包含2个氢原子、1个氧原子。 第47页
- **化合物**
  - **高锰酸钾**：高锰酸钾是含锰的化合物——高锰酸类钾盐。 第80页
  - **酸**：酸分子由氢原子和一组其他原子（酸根）组成。 第129~130页
  - **碱**：酸与碱彼此相反，完全对立。它们相遇时会产生反应，互相中和。 第131~132页
- **催化剂**：一种能加速其他物质之间发生化学反应的物质。 第103页

## 化学元素

### 化学元素周期律

- 化学元素的性质取决于它们的原子质量。
- 门捷列夫把已知的元素按从轻到重的顺序排列在一张表格上，即化学元素周期表。
- 元素在表中列与行的排列不是随机的。
- 元素位于哪一列（族）或哪一行（周期）取决于它的属性。

第 15 页

讲解 46 种与生活相关的化学元素：
氢、氦、锂、铍、硼、碳、氮、氧、
氟、氖、钠、镁、铝、钾、钙、钪、
硅、磷、硫、铬、锰、铜、镓、锗、
砷、硒、砹、锆、锝、钌、银、镉、
铟、碘、铯、钦、钆、铪、铂、金、
汞、铊、铅、钫、铀、钚

第 17~143 页

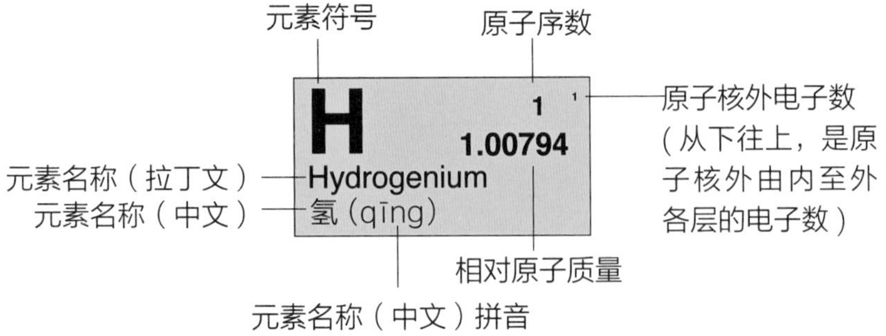


## 化学实验

- 电解水实验 第 47~50 页
- 晶体实验 第 56 页
- 隔空灭火实验 第 61~62 页
- 取火实验 第 81~82 页
- 碘变色实验 第 113~114 页

**Q：孩子几岁可以接触物理、化学？**

**A**：在 7~12 岁学龄期启蒙物理化学，抓紧培养孩子的逻辑思维能力和科学探究能力。

**Q：怎样从小培养孩子对物理化学的兴趣？怎样启蒙物理化学更浅显易懂？**

**A**：用生动形象的图画和实物，直观地让孩子理解物理化学入门必学的基础概念、定律、实验、应用知识等，激发孩子的兴趣和好奇心，引导孩子用物理或化学知识对生活中最基本的现象进行分析、理解、判断。

猫咪科学院出品

**Q：这套书好在什么地方？**

**A**：从观察猫咪开始，借猫的视角和幽默口吻，从常见的猫和人的生活行为切入，奇思妙想地理解物理化学干货知识；玩儿童经典智力游戏，锻炼科学观察力和逻辑思维能力；做经典物理化学实验，早早培养科学探究能力。

**Q：这套书有什么附加值？**

**A**：附赠物理、化学知识导图和匹配本书页码索引，帮助孩子搭建知识框架，培养系统性学习思维。

# 猫化学实验

## 测试反应：

当你的主人把一块肉饼放在桌子上时，你要瞅准时机，迅速把它溶解在自己体内。

## 你的主人什么也没发现？

恭喜你！你真是个天才！
因为“肉饼”溶于“天才”，
这是一种无形的猫化学反应。

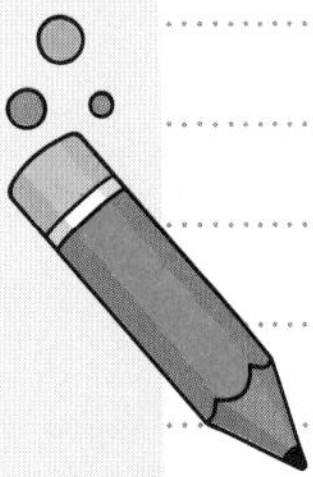

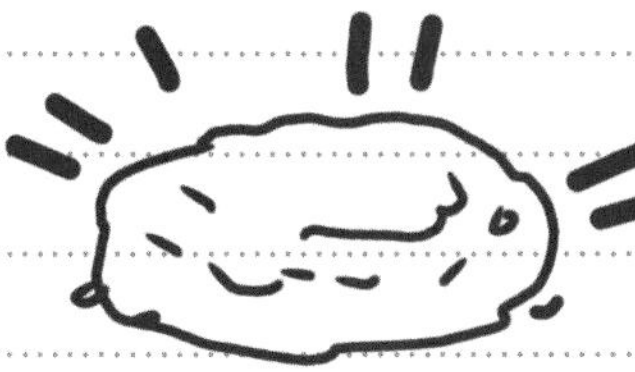

肉饼

# 猫化学题

我们正式宣布，不允许将锂放入猫体内。动物保护协会严令禁止！

锂+肉饼=?

下列元素中，有的元素一旦与另一种元素结合便会立刻消失。

找出这类元素并两两组合：

氢+鱼=?

水猫+鱼=?

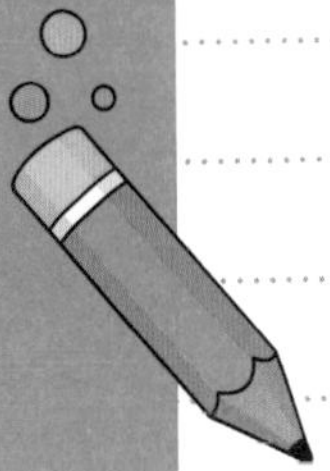

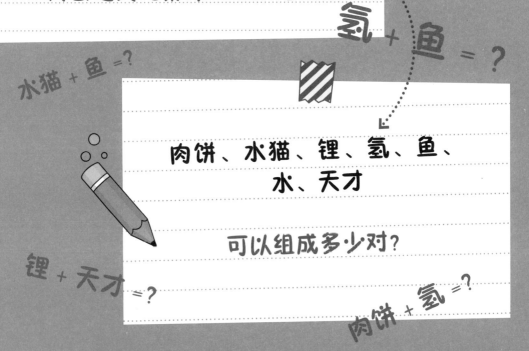

肉饼、水猫、锂、氢、鱼、
水、天才

可以组成多少对？

锂+天才=?

肉饼+氢=?

天才+水=?

# 猫化学题答案

公式：

水猫 + 肉饼

水猫 + 鱼

天才 + 肉饼

天才 + 鱼

$H_2O$ 水 + 锂 Li

水猫 + 水

天才 + 水

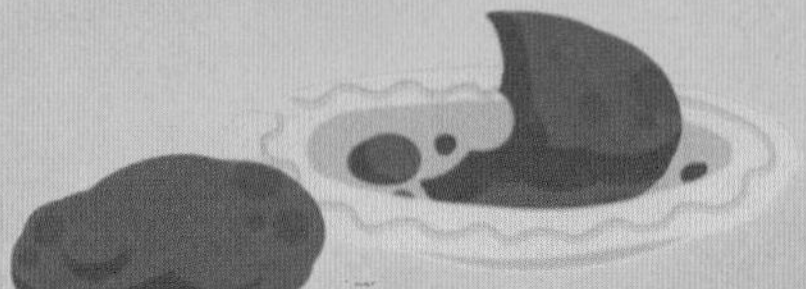

应该是7对。鱼和肉饼都不会溶解在水里，但会消失在任何种类的猫体内。锂遇水会变为氢氧化锂（同时释放出氢气），氢氧化锂会立即溶解在水中。氢气在水中几乎不溶解，只有在加热到500～700℃时才与锂结合，所以这一对不能算在内。猫会喝水。当然，是在没有牛奶的情况下。当鱼被放入氢气中时，它可能会感到非常惊讶，但也仅此而已。

# 随便拿

我们不能指望人类恩赐！我们的任务是把美食从储藏室里拿出来。

这个元素的全称是“随心所欲，想要什么拿什么”。这是构成猫的主要元素之一。“按住”（元素周期表中第5号元素硼）、“咬住”（元素周期表中第81号元素铊）、“叼走”（目前该元素还未被发现，但科学家们确定这是一种超重元素）都是它的同族元素。在不会遇到扫帚或拖鞋的情况下，或是有“黑鱼”（元素周期表中第31号元素）出现的情况下，“随便拿”会迅速转变为“厚脸皮”（元素周期表中第11号元素）。

Be 4 2 2
9.0122
Beryllium
铍（pí）

我早就知道猫是一群傲慢无礼的家伙，没想到它们居然连化学元素的名称都篡改！*真正的铍是一种浅灰色金属，轻而坚硬，质地较脆，产量较少，价值较高。在铜合金中加入铍可使其变得更加坚固。铍是核反应堆所需的材料，也用于制作X射线管、计算机部件等。铍对身体健康有害，如空气中含有铍尘，可致人类患上严重疾病，对猫也一样。

* 俄语原文中猫给铍（бериллий）这个单词赋予了“随便拿”的含义。

# 猫化学题

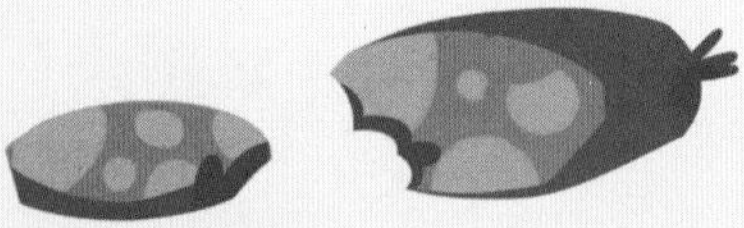

如果5只猫能在5秒内从一个被上了锁的、被胶带缠住的、被沙发顶住的冰箱里偷出5根火腿肠，那么1只猫要用多长时间能偷出1根火腿？

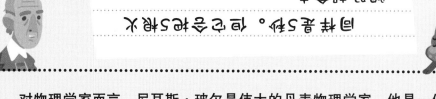

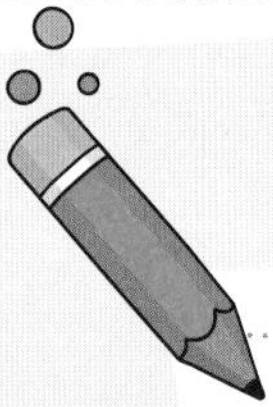

同样是5秒。但它会把5根火腿肠都拿走。

对物理学家而言，尼耳斯·玻尔是伟大的丹麦物理学家。他是一位研究原子结构的科学家。物理学和化学之间的界限很模糊，玻尔既研究金属，也研究氢等其他物体。对化学家来说，玻尔的研究也很重要。然而，玻尔（Bohr）与化学元素𬭛（Bohrium）的发现并没有直接关系。

# 贡品

“贡品”是“随便拿”的加强版，其区别在于贡品的规模更大、更无情。在古代，人们把臣民献给猫的物品称作贡品。贡品又分为瞌睡贡和熟睡贡。瞌睡贡是给猫打盹用的，熟睡贡是让猫呼呼大睡的。

B 5 3 2
10.811
Borum
硼（péng）

说得不对！硼*不是铍的一种，尽管它在元素周期表中与铍相邻。自然界中的硼（化学元素中的硼）主要存在于与其他元素结合的化合物中。单质硼的硬度与金刚石相似，可在实验室人工制取。硼及硼化合物广泛应用于工业（用于抛光研磨软质材料）、农业（用于生产肥料）、医学（用于生产消毒剂和防腐剂）、电子学及核反应堆领域。植物缺乏硼就会枯萎，人类缺乏硼似乎仍能生存，但科学尚未证实这一点。

* 俄语中硼（бор）有“贡品、贡税”的含义。

为了纪念尼耳斯·玻尔，人们把元素周期表中第107号元素命名为铍（bō）。

# 化学实验

**请与成年人一起做实验！**

顺便说一句，人类化学实验并不比猫化学实验逊色。例如，同样使用硼做实验。

将少量酒精倒入瓷质小杯中，点燃酒精，此时的火焰是无色的。

如果在酒精中加入硼酸溶液（药房里有售），火焰将变成绿色！

最好选择在较暗的地方做这个实验，可更好地观察火焰的颜色变化，实验也会因此变得生动有趣。

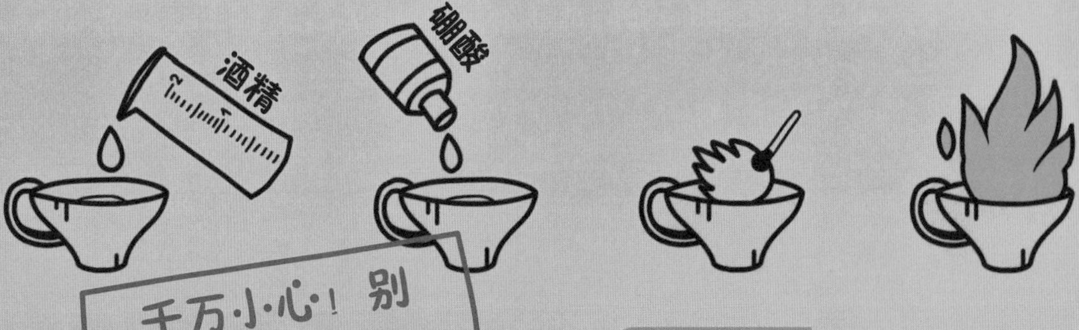


千万小心！别把房子点着了！

## 实验要求

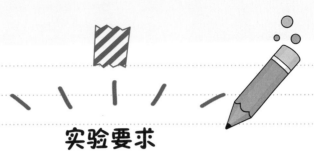

1）禁止在家中做实验。没有成年人监督时禁止做实验。最佳方案是征得化学老师同意，使用学校的实验室进行实验。如果没有实验室，则必须选择合适的地点，提前做好实验准备，避免烧毁任何东西，避免炸伤自己和他人。实验时，请穿工作服，戴护目镜和手套。宁愿多花些时间做准备工作，也比一辈子没有眼睛要好啊！

2）禁止尝试用不熟悉的物质做实验。谁知道它们会有什么特性呢？

3）认真设计实验。提前阅读教科书或参考书，了解实验将使用的物质的特性以及它们彼此间的反应。遵守实验说明中的指导规则。

**!!!**

**建议在有专业设备的地方进行有火的实验。比如，有通风设施的化学实验室。**

这就是你们人类的化学实验啊！声音嘈杂，气味难闻。还是我们的猫化学实验好！比如，将物质转换成生物，在哪儿做实验都行，随时随地，只要有香肠就可以了。

这只穿靴子的猫把食人魔变成了老鼠！

# 碳猫

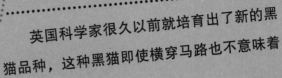

英国科学家很久以前就培育出了新的黑猫品种，这种黑猫即使横穿马路也不意味着厄运即将来临。

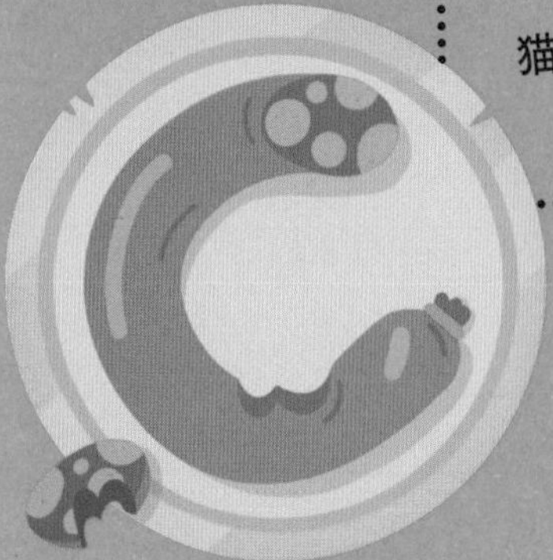

**碳猫**即孟买猫，全身碳黑色。它是唯一没有任何杂色的猫。为什么会这样？因为它是人类特别培育的——作为黑豹（电影《奇幻森林》中毛克利的朋友）的微型复制品。由于电影中的故事发生在印度孟买，所以这种猫以孟买命名——尽管它们不是在印度，而是在美国培育出来的。

在英国，人们相信黑猫会带来幸运。在苏格兰地区，如果在自家门廊看见了黑猫，那是要发财的征兆。

美国有座城市有一条规定，如果在13号星期五那天把黑猫放出去的话，主人必须在黑猫的脖子上系个铃铛。很显然，这是为了让那些迷信13号星期五不吉利和黑猫会带来厄运的人有时间躲开黑猫。

C 6 4 2
12.011
Carboneum
碳 (tàn)

元素周期表中的第6号元素是碳*。这是一个神奇的元素。碳形态多样，各有特色：既可以是用来制造铅笔芯的质地较软的石墨，也可以是质地坚硬的钻石。煤和煤烟的主要成分也含有碳。石油和天然气是碳和氢的化合物，所以它们被称为碳氢化合物。碳及其化合物的用途广泛，不胜枚举。但最重要的是，地球上的生命皆基于碳。所有的生物，包括我们和猫，在很大程度上都是由碳组成的。

我是碳，你是碳，我们大家都是碳！

科学家们还在争论其他行星上是否也存在基于其他什么元素（如硼或硅）的生命。但对我们地球人来说，碳就是生命的基础。包括猫在内！

* 俄语中，碳（углерод）和碳猫（углекот）有一部分相同的字母。

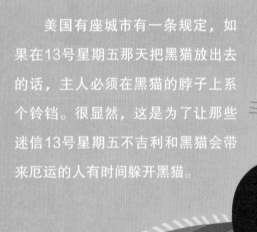

# 猫呢？

主人，肉还没解冻呢，让我来看守，你去忙别的吧……

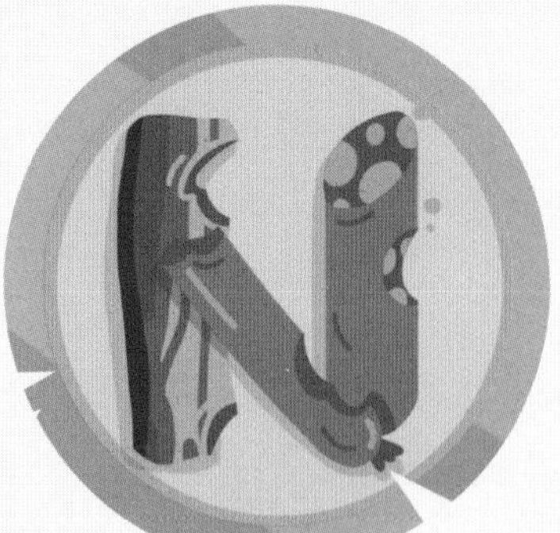

这种猫元素与我们朝夕相处，如影随形。它通常不明显，不易察觉，但实际上它就存在于空气中，无论你在哪里，无论在做什么，它都在你身边。当人们打开冰箱拿出一块美味的鸡肉，拿出一罐酸奶油或一串香肠时，猫就会不停地问：“我呢？我的呢？猫呢？”

有一种说法是，“氮”的意思是“无生命的”。猫则完全是另一回事！它本身就是生命！不知道你怎么想，反正我更喜欢这个说法。

N 7 5 2
14.007
Nitrogenium
氮 (dàn)

当然，我的猫同事指的是氮*气。氮气在通常情况下（0℃，一个标准大气压，760毫米汞柱）是无色无味的不可燃气体。它真的是和我们形影不离，存在于我们的周围，甚至我们的体内。因为我们吸入的空气中，大约有78%——超过四分之三——是由氮气构成的。

氮气常常被应用于化学工业（制造其他物质）、食品包装（食品在密封的氮气环境中可长期保存，不易变质），甚至可以为飞机轮胎充气。

* 俄语中，疑问句“猫呢”（А кот）和氮（Азот）拼写相似。

# 灭火和祛疣

如果把氮气冷却到-146.95℃，它就会变成液体。液氮的温度极低。在正常室温下，液氮会沸腾并蒸发，变回气体。液氮必须储存在特殊容器——杜瓦瓶中。这是以苏格兰发明家詹姆斯·杜瓦的名字命名的。杜瓦瓶的秘密在于它的瓶壁是双层的，层与层之间是真空的——里面的空气已被抽走。杜瓦瓶能很好地将容器内的物质与外界隔离。存储于其中的物质无论冷热，都可长时间保持原有温度。

液氮很受魔术师的喜爱，他们经常把玫瑰花放入液氮中，玫瑰花会立刻冷冻并变得易碎。

液氮蒸发时，会产生壮观的“烟雾”现象。

处理液氮时务必小心谨慎。

令人惊奇的是，温度极低的氮气燃烧时像火一样壮观。

液氮可以祛疣。将液氮滴在疣体上，疣体被冷冻后极易脱落。此外，液氮还可以灭火，但通常是在封闭空间内。将1升液氮倒入着火点，会蒸发生成700升氮气。此时，原有空气被排出，在火源周围形成了纯氮气层。纯氮气层不含氧气，无法燃烧。因此，即使有足够的燃料，火也会熄灭。需要注意的是，人在这样一个密闭的空间里，必须有呼吸设备，否则也会窒息。

# 猫星人

猫星人（或者叫喵星人）就像呼吸一样，是世界上最必不可少、至关重要的猫化学元素！我们公猫、母猫和小猫们共同组成了猫星人元素。

猫星人的存在对人类极其重要。我们猫星人可以没有人类，但人类没有猫星人则寸步难行。我们不用崇拜任何人，就是这样……

O 8 6 2
15.999
Oxygenium
氧（yǎng）

氧*气与氮气一样，是一种无色、无味的气体。在地球的大气层中氧气占21%。与氮气不同的是，氧气是一种非常活跃的物质。它与其他元素很容易发生化学反应，这个反应过程叫作“氧化”。氧化过程可以是缓慢的，例如，铁与氧相互作用时产生锈；氧化过程也可以是剧烈的，例如燃烧。是的，燃烧也是一种氧化。没有氧气，就不会有火。没有氧气，也不会有水。因为水分子是由一个氧原子和两个氢原子结合而成。没有氧气，我们就无法呼吸。所以，猫刚说的那些也没有犯多大的错误……

* 俄语中，猫星人（кис-народ）和氧（кислород）拼写相似。

# 猫化学实验

## 氧化

**本实验由人类具体操作，我们进一步指导。**

选一个多汁的苹果，将其切成薄片，放置几分钟后，苹果片颜色变暗。这说明苹果中的物质与空气中的氧气发生了反应，也就是氧化——与氧气形成的化合物给苹果片“染了色”。氧化产生的薄膜可以保护苹果免受有害物质和毛毛虫的侵害。毛毛虫肥肥的，不好吃。

现在，请准备一根香肠。要选最好的、质量上乘的。“香肠刚刚还在桌子上”，这话是什么意思？我怎么知道它去哪儿了！你看我的肚子鼓鼓的，就说是我偷吃的！我可能是在等我即将出生的宝宝啊！什么？我是只公猫，这不重要！我也可能是在等我即将放学的宝宝呢！哼！

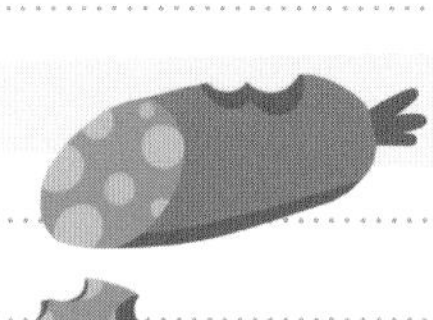

**正如你所见，只要有我们猫在，香肠的氧化速度就会比苹果的氧化速度快很多。**

## “猫”无处不在！比比皆是！

柠檬酸

氨基酸

锰酸

碳酸

发酵

脱氧

略带酸味

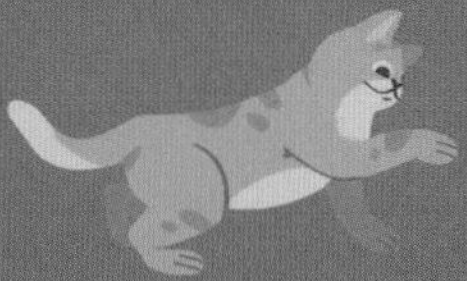

果羹

硫酸

酸化

酸乳

过氧化物

酸度

酸

特写

酸的灵魂：复仇猫。寂静无声，残酷无情！

不要阻拦猫享受美食、睡大觉、尽情玩耍，否则它会闷闷不乐。

前爪

变酸

酸甜的

发酸

波塞冬，你闲躺在那儿做什么？我们可是在写书啊。
你冤枉我了！我这可不是闲躺，而是在阐述一个重要的猫化学概念。

一天24小时，猫通常要睡15～18个小时。夏天睡得少些，冬天睡得多些。

# 重要的猫化学概念

## 闲躺

不喜欢闲躺的猫，不是猫。
当心，它是只假猫！

所有猫星人都具有一个重要的特性，那就是喜欢闲躺。这可不是没文化的小猫想的那样，随心所欲想躺哪儿就躺哪儿，甚至躺到摇摆的吊灯上。从广义上讲，闲躺是一种侵占和替换的能力。例如，猫喜欢侵占主人的床，并将被子和枕头据为己有。猫还能吸引并侵占所有美食。它们能把原本应该在主人肚子里的香肠替换出来，放到自己一无所有的胃里，而让主人的肚子空空如也。闲躺这一特性也因猫而异。猫越出色，闲躺性就越大，反之亦然。想象有一只不爱闲躺的猫，那是绝对不可能的。

因此，一只猫在10年的生命里，有7年左右的时间是在睡懒觉，余下的时间是在闲躺。

# 化合价

趁着猫波塞冬打盹儿的时候，我再补充一些科学内容。

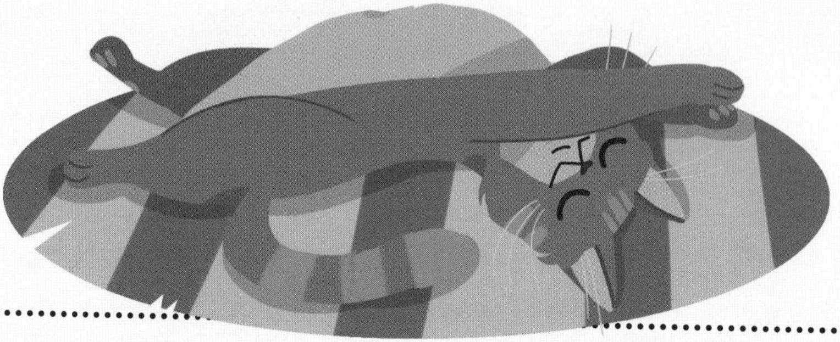

化合价是指一种元素的原子与其他元素的原子化合形成稳定结构的性质，它反映原子形成化学键的能力。通常将氢的化合价看作1，由此可以推测其他元素的化合价：简单地说，物质的原子可与多少个氢原子结合，它的化合价就是多少。例如，一个氧原子可以与两个氢原子结合成一个化合物，因此氧的化合价就是2。但化合价并不总是以这种方式进行推测！

* 俄语中，闲躺（валяться）和化合价（Валентность）拼写相似。

# 化学实验

## 千万小心！别把房子炸毁了！

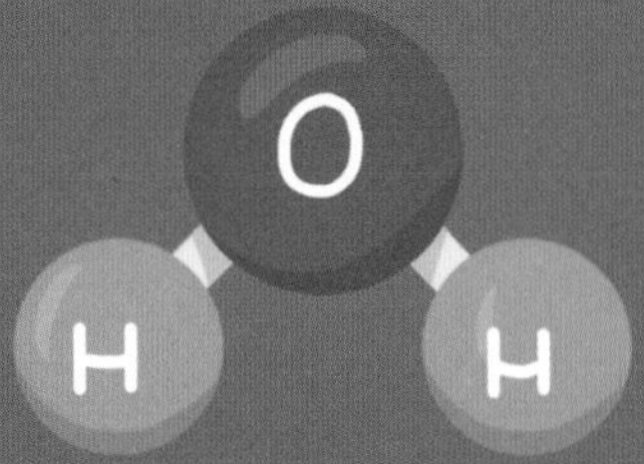


水分子可以这样描述：两个氢原子与一个氧原子结合构成一个水分子。

水的化学式为$H_2O$——包含2个氢原子、1个氧原子。

当氢气与氧气相互作用时，简单地说，当氢气燃烧时会产生水。可以做一个有趣的实验，试着把水分解成氧气和氢气。

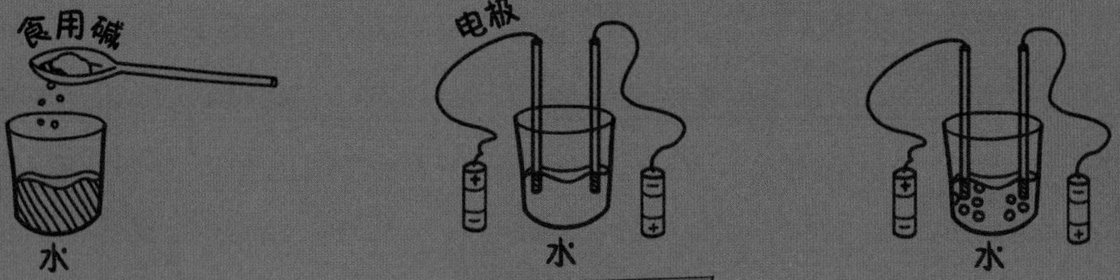


**实验需要准备：**

· 装有纯净水的结实玻璃杯（或小罐）一个；

· 两勺普通的食用碱，用于增强反应；

· 电极两个，可以是普通的铁钉，或两截电线，或一对不锈钢叉子，甚至可以是两支普通的铅笔——如果能在铅笔未削尖的一端开一个切口并固定上电线；

· 一个电压在5～12伏之间的电源，电源可以是几个相互串连的电池（串连时应注意正负极），也可以是一组蓄电池。

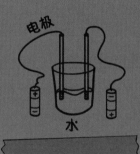

# 请与成年人一起做实验！

将食用碱加入水中，使其溶解。食用碱只起到加速反应的作用：纯净水导电性不好，若不添加食用碱，实验速度会变得很慢。

将两个电极的一端分别浸入水中，保持两者距离接近，但不能相互接触。用电线将电源与（未浸入水中的）另一端电极连接起来：电源的“正极”连接一根电极，“负极”连接另一根。

观察电极。电流使氢原子“脱离”氧原子（水分子开始分解）并向电源“正极”连接的电极移动。氧原子开始聚集在电源“负极”连接的电极周围。如将试管放入水中收集从电极处升起的气泡，则一个试管内收集到的是氢气，另一个试管内是氧气。不建议把它们混合在一起，因为这种混合物被称为爆鸣气，容易爆炸！

用电流从溶液或熔融态物质中分离出各种物质的过程称为电解。

# 猫化学题

水的形成过程会产生热量：氢气与氧气结合时会燃烧，甚至会爆炸——当然只是微弱的火花。

氧分子和氢分子都由两个原子构成。

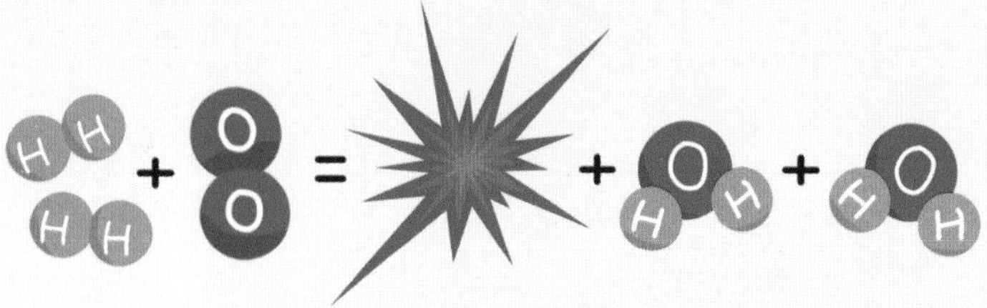


氢气和氧气的体积比（2：1）是产生水的必要条件，也是形成爆鸣气的条件！

这些氢分子和氧分子能组成多少水分子？

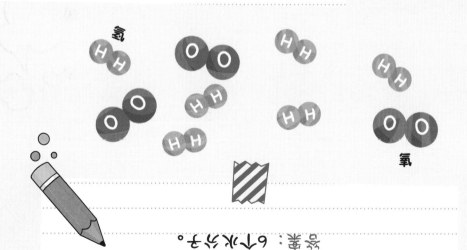

答案：6个水分子。

猫垄断并舔掉了所有酸奶油！

电解？真是个愚蠢的字眼！任何一只猫都知道，所有与电有关的东西都不能舔！叫“酸奶油解”就好多了，也更安全，听起来更悦耳！事实上，我已经厌烦了躺在这里。我要从窗帘上跳下去。

文明创造了猫，就是让猫来舔掉酸奶油！

我们不需要分析和说教，我们只需要舔。

# 窗帘

窗帘通常由两块组成（所以这个词通常是复数），并经常与薄纱帘一起使用。每家每户都应该有这么优秀的“猫元素”！我们可以用爪子抓它，也可以在上面爬！最重要的是，可以在上面“荡秋千”！喵，喵！我太喜欢窗帘了！

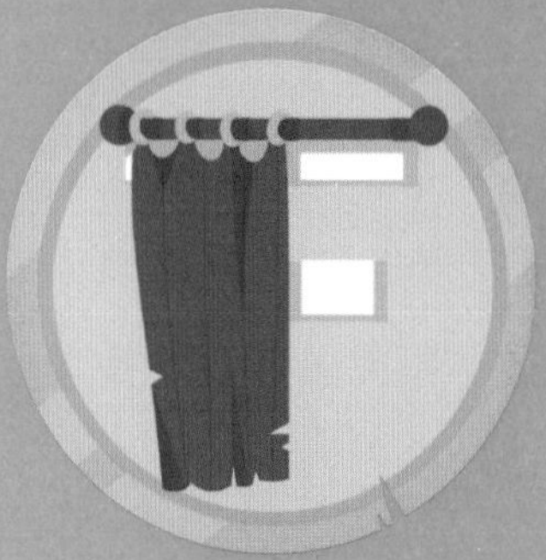

**F** 9 7 2
18.998
Fluorum
氟 (fú)

事实上，接下来我们元素周期表上的元素就是氟*。

氟气是一种淡黄色的有毒气体，气味刺鼻。除“氦”和“氖”外，氟几乎可与所有物质发生反应。它与众多物质相互作用时，会引起燃烧或爆炸。此外，我们建议使用含有氟化物的牙膏来预防龋齿。氟也被广泛应用于化学工业领域，例如，生产聚四氟乙烯，这是不粘锅表面涂层的主要材料。

* 俄语中，窗帘（Штор）和氟（фтор）拼写相似。

# 不是它

“不是它”是一只非常狡猾的猫，喜欢装出“不是它（干的）”的样子。当无人看管的香肠出现时，它总是以不易察觉的状态存在。当香肠消失不见时，它又会装出一副无辜的表情。人们马上会意识到：不是它（干的）。

| | |
|---|---|
| Ne | 10 (8, 2) |
| | 20.179 |
| Neon | |
| 氖（nǎi） | |

实际上，氖*在希腊语中的意思是“新的”。氖气是英国化学家威廉·拉姆齐和莫里斯·特拉弗斯在除去空气中所有其他气体后获得的。

氖气是一种无色、无味的惰性气体，一般不与其他物质发生化学反应。

氖气经常应用于霓虹灯和激光器。氖气放电时会发出橙红色的光，因此充有氖气的霓虹灯管经常被制成闪烁的广告牌。例如，发光的商店招牌。

* 俄语中，“不是它”（Не он）和氖（неон）拼写相似。

# 厚脸皮

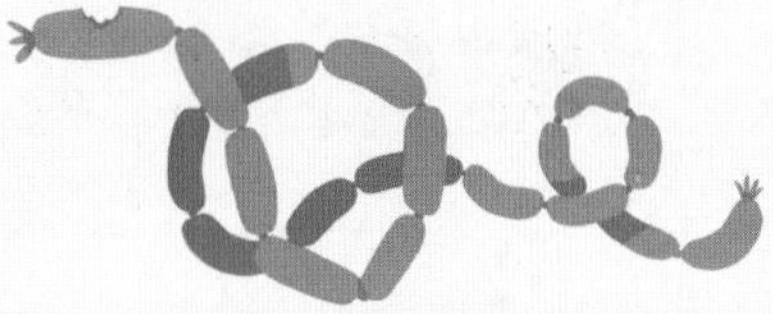

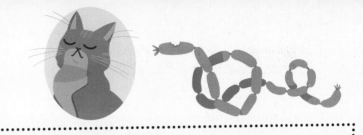

这是每只猫的必备元素。它通常与“随便拿”（4号铍元素）、“咬住”（81号铊元素）和“叨走”等元素结合在一起。根据猫的面部表情，可以确定它的厚脸皮元素含量。如果面部表情100%不害羞，那么厚脸皮的含量就很高。如果面部表情很谦虚、很羞涩，那它的厚脸皮含量仍然很高：您只要转过身把目光移开就会发现！

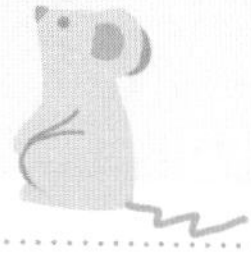

Na 11 22.99 1 8 2
Natrium
钠（nà）

在我看来，实际上有些猫完全是由厚脸皮构成的。

根据元素周期表，接下来的元素是钠*。这是一种银白色的柔软金属，很容易用刀切割。

钠十分活跃，易与其他物质发生反应。钠与水接触会发生剧烈反应生成氢气并释放热量。钠与水的这种结合具有爆炸的危险，所以最好不要将钠扔进水中（与禁止将猫扔进水中一样）。钠在空气中易被氧化，虽然反应速度没有在水中快。因此，钠通常存储在装有煤油的玻璃罐中，以确保它与空气隔离。

然而，钠化合物并不那么珍贵，而且自古以来人们一直在使用，每个家庭都有。例如，钠与氯的化合物氯化钠即常见的食用盐。碳酸氢钠是个很响亮的名字，但实际上它就是小苏打。

* 俄语中，“厚脸皮”（Наглий）和钠（натрий）拼写相似。

# 猫化学实验

## 体内“有益猫化学元素”浓度确定

准备一个篮子，再装进5条鲱鱼。请一位人类朋友参与实验。把篮子放在房间中央，人站在房间的一角，而你自己站在篮子对面，数3个数，数到3时开始平分鲱鱼。

你得到了什么？

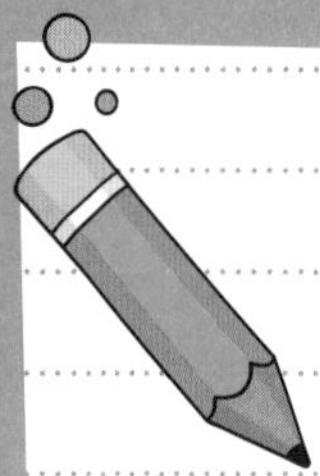

实验结果测评表
详见下一页。

# 猫化学实验

## 体内"有益猫化学元素"浓度确定

结果对照表：

| 人得到的鲱鱼数 | 猫得到的鲱鱼数 | 结论 |
|---|---|---|
| 5条 | 0条 | 当心，他不是人类，你也不是猫！ |
| 1~4条 | 4~1条 | 你需要吃猫维生素了！因为你体内厚脸皮元素的含量太低了。 |
| 0条 | 5条<br>外加一个<br>篮子 | 你体内厚脸皮元素含量正常。对人类来说，燕麦粥要比肥美的鲱鱼更健康。没错，没错！ |
| 0条 | 0条<br>千真万确！ | 恭喜！你体内厚脸皮元素保持了很好的平衡，只是别忘了做出一副饥饿的表情，并向人类索要食物！ |

# 化学实验

说到盐，我也知道一个有趣的实验。

## 居家做“钻石”

请与成年人一起做实验！

用平底锅装半锅水烧开，在开水中加入两汤匙盐和两汤匙糖，最好是堆得高高的两匙。待盐和糖溶化后关掉炉火。趁溶液还未冷却时，将一张厚纸片浸入其中，静待溶液冷却。可将纸片边缘剪开，做出流苏的效果，增加实验乐趣。如果一切操作得当，纸片会逐渐被钻石般透明的晶体所覆盖。如果用云杉枝条替代纸片浸入溶液，则会呈现出“玉树冰花”的景象。

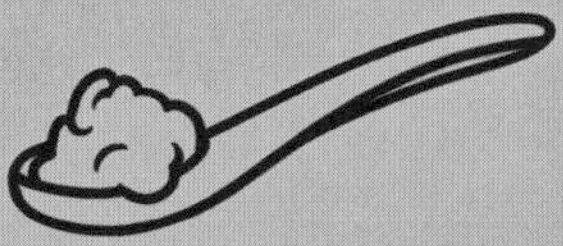


当心！别烫伤猫！因为它一定会跑过来把鼻子伸进锅里。

# 魔法

什么魔法？没有任何魔法！科学，有的只是科学！

对古埃及人来说，猫是一种神奇的生物。它仅用一个奇妙的词汇“喵！”就能轻松地为自己创造出世间所有幸福。很久以前，猫炼金术士得到了魔法石，并借助它的魔力将喵喵声变成香肠和其他美味（人类是辅助工具）。

**Mg** 12 2 8 2
24.305
Magnesium
镁（měi）

镁*是一种银白色轻质金属，化学性质非常活跃。镁在空气中氧化后会形成保护膜。当保护膜被破坏（例如加热）时会发出耀眼的白光。以前，摄影师用燃烧的镁粉代替闪光灯，现在魔术师们偶尔还会使用。

不要用水去扑灭正在燃烧的镁！因为它能直接从水中提取燃烧所需的氧气，即使在水中也能继续燃烧。

镁也是一种至关重要的元素，是人和动物身体正常运转必需的元素。坚果、荞麦、燕麦片、豌豆、云豆、扁豆中都含有大量的镁。

*俄语中，“魔法”（Магий）和镁（Магний）拼写相似。

# 猫问答竞赛

## 猫和魔法

对古埃及人来说，猫是一种神奇的动物。巴斯特女神就被描绘成猫头的形象。埃及人崇拜猫，不敢得罪它们。有一次，波斯人在与埃及人作战时就利用了埃及人对猫的这种敬畏心理。他们是怎么做的呢？

波斯战士带上阵的不是盾牌而是猫：埃及人见了猫就不敢进攻了。

中世纪时期，许多西欧国家的人认为黑猫是女巫的助手。每个真正的女巫都必须有一个以动物形象出现的邪恶灵魂，通常是只猫。当欧洲爆发瘟疫时（当时经常发生），人们都指责女巫和猫是罪魁祸首。为什么那些无知的人要这样判决呢？

成百上千只猫被抓捕并处死。这只会使老鼠——瘟疫的传播者更加肆虐。

炼金术士——现代化学家的前身，也被认为是巫师。炼金术士经常与猫一同出现，目的是让人们知道，究竟是谁向炼金术士传授了一切。

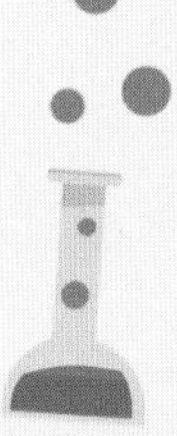

# 猫化学题

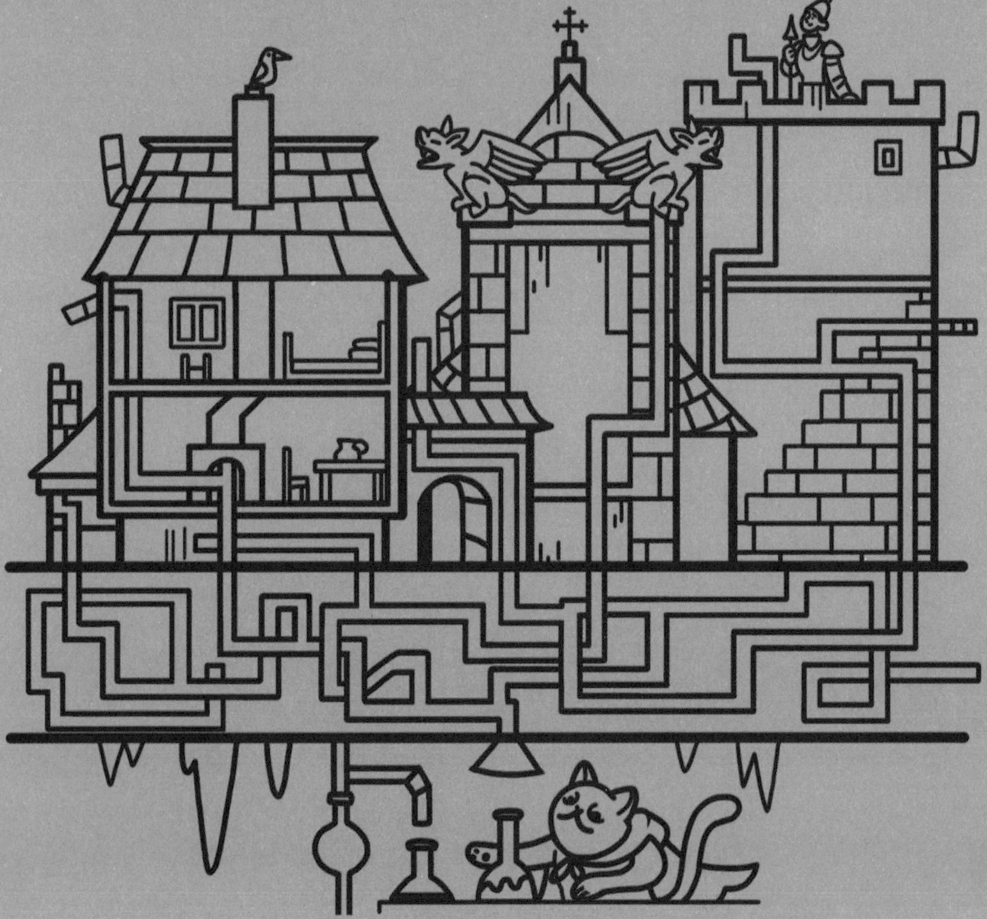

为了掩人耳目，炼金术士的秘密实验室被隐藏了起来。炼金术士安装了一些伪装过的烟囱，以防止实验产生的烟雾暴露了实验室。注意观察，烟会怎样冒出来。

# 猫化学实验

## 猫的神奇性

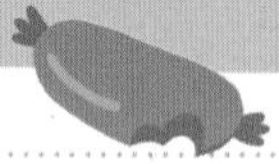

证明猫的神奇性非常容易，只要把它们和香肠放在一起就行了。眨眼的一瞬间，哎呀，香肠不见了！神奇？神奇！可以用鸡肉和香肠重复同样的实验。如果香肠消失后你去拿扫帚，那猫也会即刻消失。

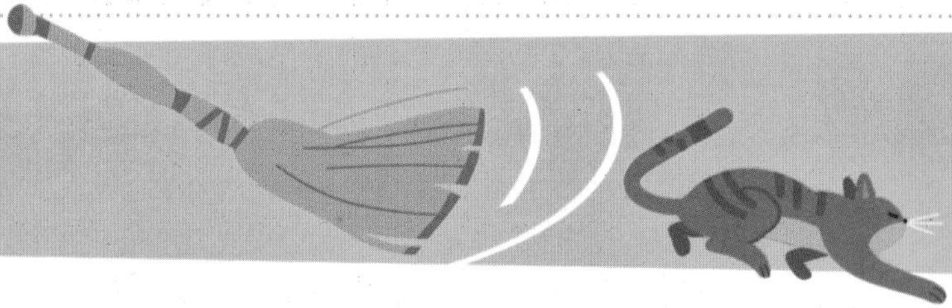

应当指出，一些科学家对上述实验的可信度提出了质疑。他们认为，这根本不是魔法，而是把一种可食用物质变成一只猫的简单化学反应。为了证明这一点，他们对实验所用香肠提出了强制性要求：香肠必须是高品质的，不得含有人工添加物。据说添加物会抑制化学反应，非天然的香肠不会消失。但是，用扫帚的例子能打消所有的疑虑，因为猫的消失与扫帚的化学成分无关。那一定是魔法！

# 化学实验

学习化学，在没有任何魔法的情况下创造真正的奇迹。

请与成年人一起做实验！

准备合适的实验场所。做任何与火有关的实验时，场地附近都禁止有易燃物品。

千万小心！别把房子烧着了！

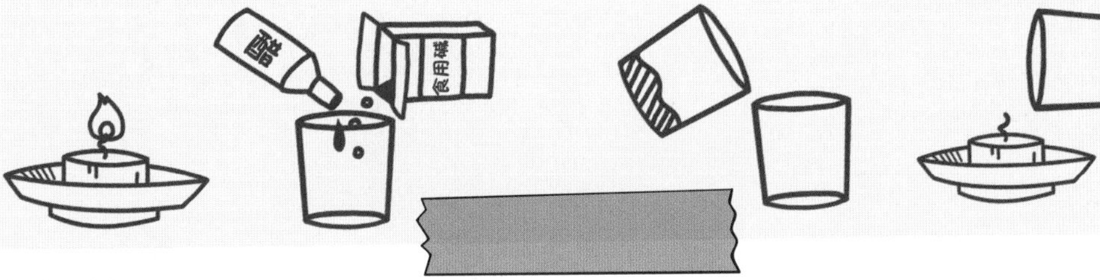


1）将蜡烛点燃，静待其燃烧。最好选一支扁小的蜡烛，放在有底座的烛台上或普通的深碟内。

2）将食用碱倒入玻璃杯中，加入少许醋或柠檬酸溶液。此时，玻璃杯中的混合物将产生气泡并发出嘶嘶声。

3）拿起装有混合物的玻璃杯，在另一个空玻璃杯上空倾斜倒入气体，像倒入“看不见的水”一样。注意不要将食用碱和醋的混合物倒入空玻璃杯中。

4）再将空玻璃杯中“看不见的水”倒在燃烧的蜡烛上。

蜡烛熄灭了！神奇吧？神奇！神奇！

食用碱和醋相互作用释放出二氧化碳，二氧化碳比空气重，无法从玻璃杯中挥发，从而聚集在玻璃杯的底部。我们通过倾斜第一个玻璃杯，将二氧化碳“倒入”第二个玻璃杯中。第二个玻璃杯看似空空如也，实则充满了二氧化碳气体。我们将其“倒向”蜡烛的火焰，火焰周围便失去了氧气。没有氧气就无法燃烧，蜡烛也因此熄灭。这就是奇迹！

**建议在有专业设备的地方进行有火的实验。例如，有通风设施的化学实验室。**

元素周期表中下一个元素是铝。你们怎么称呼它呢？也许是“猫铝”？

我可不说。总之，我的创作计划有所改变。瞧，新鲜的黍鲱运来了！首先，我要对它们进行猫化学分析；其次，我要写的可不是不加选择的所有知识，而是最有趣的知识。

**因为猫总是能从生活中获取最好的东西！**

# 黍鲱

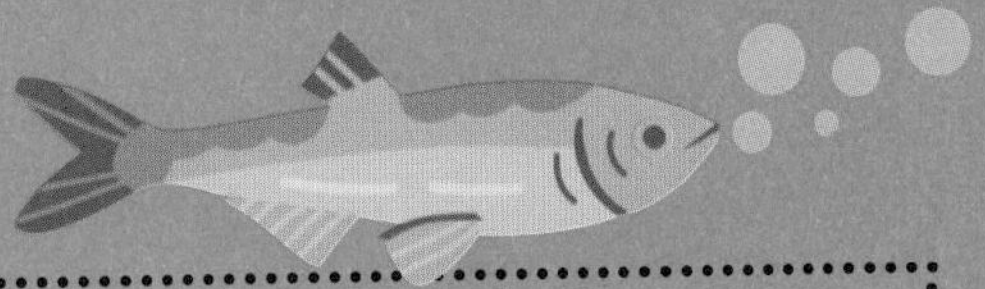

黍鲱是一种银色元素，带有令人着迷的海洋的味道，它以不同的形式和状态出现在猫的周围。如冰冻黍鲱、解冻黍鲱、咸黍鲱、茄汁黍鲱，还有棱鲱。茄汁黍鲱还有一个特性：每26条分成一份做防腐处理，即用金属壳将其包装起来。

黍鲱是在胃里游泳吗？猫会回答说：“没错，没错！说黍鲱在海里的都是偏见！它们从未在海里游过泳！”

| | |
|---|---|
| **K** | 19 (1 8 8 2) |
| Kalium | 39.098 |
| 钾（jiǎ） | |

事实上，元素周期表中第19号元素是钾*，它是一种银白色的金属，但在自然界中，它并不是以单质形态存在，而是以化合物的形式分布于陆地和海洋。如，海水中就溶解了大量钾盐，就像鲱鱼在大海中一样！

钾化合物是一种重要的肥料，没有它植物的叶子就会枯死。人和猫的身体都需要钾，可以从富含钾的食物中获取，如巧克力和鱼类，比如鲱鱼。

“您可以拿走巧克力，把鱼留给我们。反正我们猫也分不清甜味！就这样安排吧……”

* 俄语中，黍鲱（килький）和钾（калий）拼写相似。

# 鲤鱼

这是人类在池塘、湖泊和水库中收集到的元素（最初称之为“野生鲤鱼”）。猫化学实验室很少用它们做研究，因为它们又大又重——很难偷偷摸摸地把它们拖走，拖拽时还容易留下明显的湿痕，而且有时鲤鱼还会乱蹦乱跳。

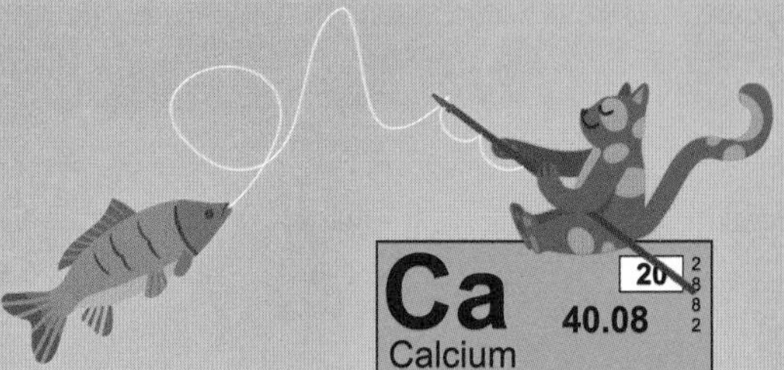

**Ca** 20 40.08 2 8 8 2
Calcium
钙（gài）

钙*和钾一样，是一种银色金属，非常活泼，可以直接与空气中的氧气发生反应。这就是它在自然界中不是以单质形式存在，而是以化合物形式存在的原因。石灰石、大理石和石膏等都是钙的化合物。海水中也含有大量钙。

钙是一种常见的常量元素，存在于植物、动物和人体中。我们的骨骼、牙齿都是由这个元素构成的。为了使骨骼和牙齿更强壮、更健康，我们需要多喝牛奶，牛奶里含有大量的钙。

“我说过了吧，我们猫最知道应该喝什么了。来，看看我们的牙齿，还要看我们的爪子吗？”

* 俄语中，鲤鱼（карпий）和钙（кальций）拼写相似。

# 鲭鱼

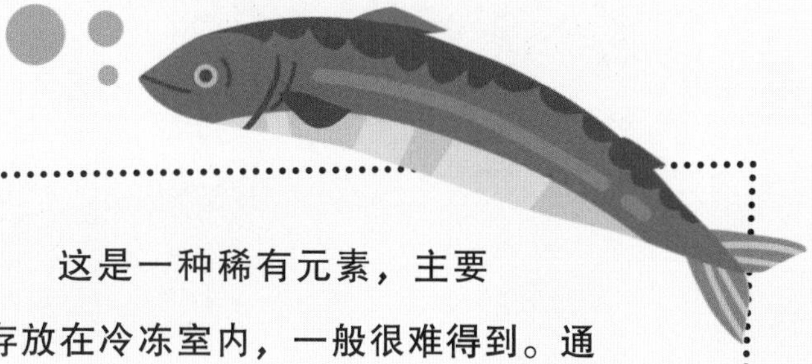

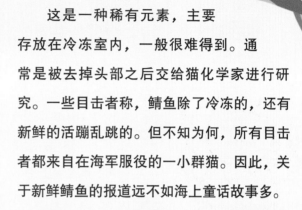

这是一种稀有元素，主要存放在冷冻室内，一般很难得到。通常是被去掉头部之后交给猫化学家进行研究。一些目击者称，鲭鱼除了冷冻的，还有新鲜的活蹦乱跳的。但不知为何，所有目击者都来自在海军服役的一小群猫。因此，关于新鲜鲭鱼的报道远不如海上童话故事多。

2 9 8 2
21
44.956
Sc
Scandium
钪（kàng）

元素周期表中第21号元素是钪*。钪是一种银色金属，存在于矿源较少的矿物中，因此被称为稀土元素。门捷列夫曾预言了钪元素的存在。在当时的元素周期表中，第20号元素钙和第22号元素钛之间存在空缺。瑞典化学家拉尔斯·尼尔森发现了该元素，并以他的出生地斯堪的纳维亚半岛命名。

钪元素应用于冶金（大大提高了许多合金的质量）、核反应堆，甚至是人造宝石的生产制造中。

* 俄语中，鲭鱼（скумбрий）和钪（скандий）拼写相似。

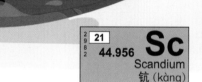

# 猫化学实验

## 吃光~~分析~~元素

### 必备实验工具

从给出的元素中分析出鲱鱼、鲤鱼和鲭鱼。小心！有些物质可能是有毒的！

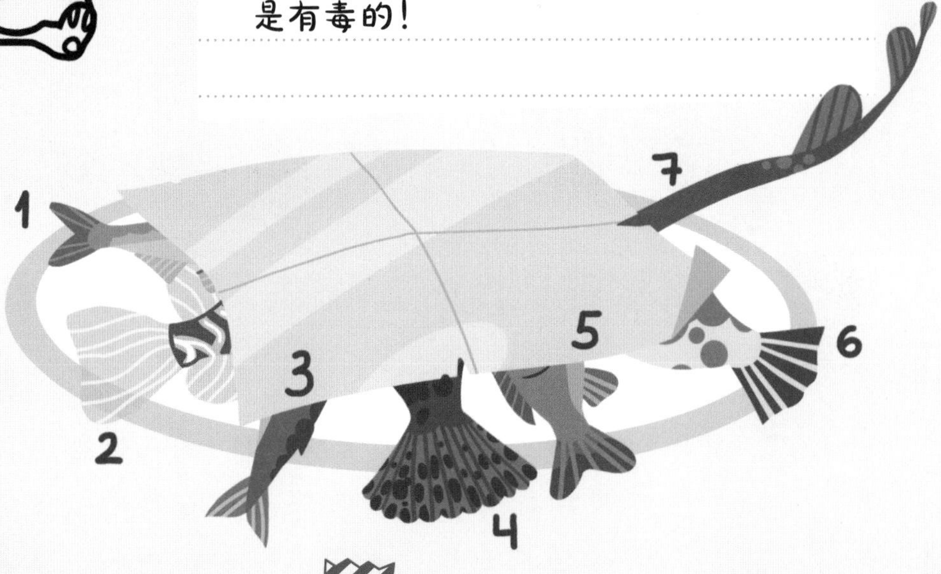


答案：

1.鲱鱼；2.蓑鲉（有毒）；3.鲭鱼；4.鲉鱼（有毒）；

5.鲤鱼；6.河鲀（有毒）；7.鳗鱼。

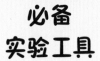

波塞冬，你不觉得羞愧吗！漏掉了那么多元素，从一个跳到另一个……读者会认为，除了鱼，你对别的东西都不感兴趣！

不，瞧你说的。除了鱼，我还对很多事感兴趣。现在我们要往回看一下元素周期表，看见了吧，对，就是这个！

# 猫厕里的沙子

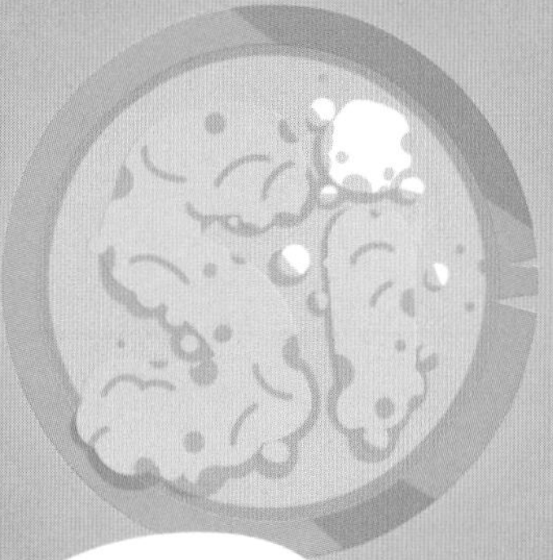

你知道为什么猫咪不喜欢去海边度假、漫步沙滩吗？你觉得是它们不喜欢水吗？不，不是这样的！是因为海滩上的沙子和猫厕里的沙子一模一样。谁喜欢在厕所里度假呢？然而，人类现在已经开始为猫厕所制造各式各样的人工填充剂了。因此在未来的几年里，海滩上会出现大批度假的猫星人。

生活中常用的硅酸盐胶黏剂是以硅酸钠（水玻璃）为主，加入氧化物（如氧化硅、氧化铝、氧化铁等）、石墨粉和水泥配制而成的。

| Si | 14 | 4 8 2 |
|---|---|---|
| Silicium 硅（guī） | 28.086 | |

海滩上的沙子通常是由化合物（如硅氧化合物）构成的岩石颗粒。硅是地壳中仅次于氧的第二丰富元素。它存在于普通沙子、各色石英及长石中，可以制成各种物品，如玻璃（由沙子、碱和石灰熔合而成）、砖头、胶水、太阳能电池板、电子芯片……（难怪美国人把他们最高科技的工厂设在一个叫硅谷的地方。）

哦，对了，硅还存在于猫厕中的填充物——猫砂之中！

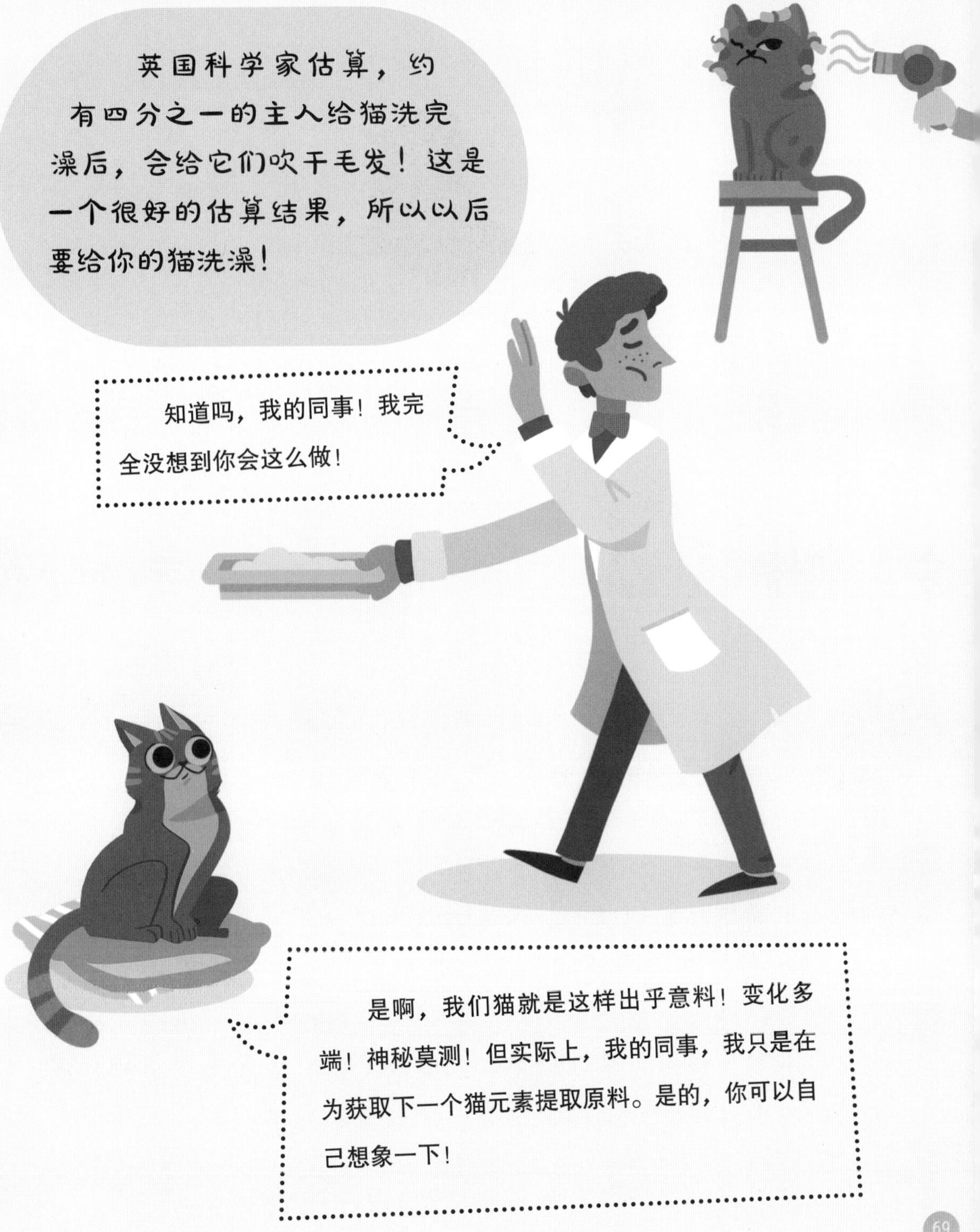
英国科学家估算，约有四分之一的主人给猫洗完澡后，会给它们吹干毛发！这是一个很好的估算结果，所以以后要给你的猫洗澡！
知道吗，我的同事！我完全没想到你会这么做！
是啊，我们猫就是这样出乎意料！变化多端！神秘莫测！但实际上，我的同事，我只是在为获取下一个猫元素提取原料。是的，你可以自己想象一下！

# 巴斯克维尔的猫*

也许它是从英国学者那儿跑出来的？

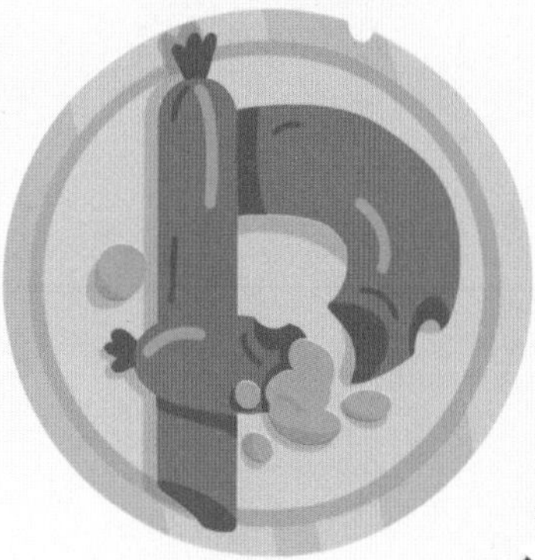

这是一个神秘的元素。它只存在于英国，仅在晚上出没。它能发出恐怖的光，吓唬那些四处闲逛的财主。当财主被吓倒在地失去知觉后，它便拿走财主家城堡的钥匙，跑到城堡里吃光所有东西，除了燕麦片。

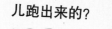

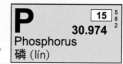

**P** 15 5 8 2
30.974
Phosphorus
磷 (lín)

元素周期表中第15号元素是磷。白磷能在暗处发光，并因此得名（希腊语中“磷”的意思是“发光的”）。波塞冬去洗手间的确是有原因的：通过尿液蒸发能得到磷——炼金术士就是这样发现磷的。不要在家里尝试！

磷存在于机体的活细胞中。它是骨骼和牙齿（与钙一样）必需的元素。据说，多吃鱼的人会变得非常聪明——就像猫一样，因为鱼的磷含量很高。磷也被军工企业和火柴制造商广泛使用。农业中磷也必不可少——磷化合物是一种重要的肥料。

*借用阿瑟·柯南道尔的小说《巴斯克维尔的猎犬》，小说描写传说夜晚会出现一只黑色的巨大魔犬。

# 猫问卷

注意！问题来了！

具有贵族血统的英国巴斯克维尔猫不会吃哪个餐具中的菜？

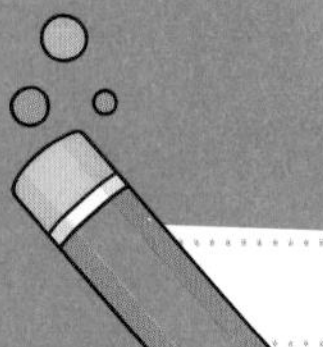

答案：空餐具。

# 灰猫

夜晚，所有的猫都是灰色的。白天，大部分猫是灰色的。灰色是英国猫中最常见的颜色，这可能是英国科学家专门培育出来的。还有一种英国蓝灰色猫——它们灰色的毛发中夹杂着蓝色。也许神秘的巴斯克维尔猫在白天也是灰色的。除了英国的灰猫，最常见的灰猫还有毛茸茸的波斯猫。

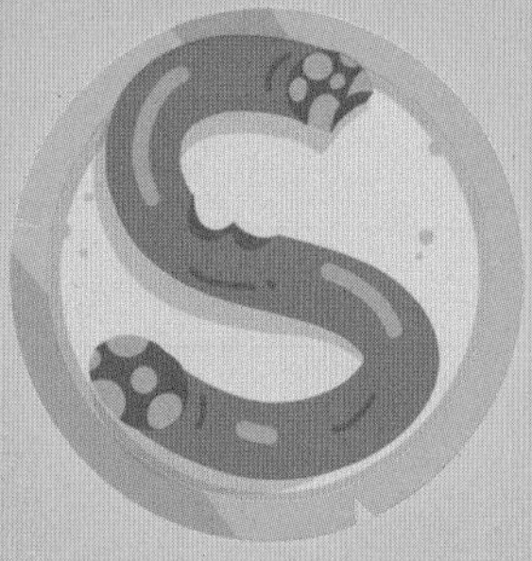

这是灰猫，这是灰猫，这也是灰猫。

S 16 6 8 2
32.066
Sulfur
硫 (liú)

硫*不是灰色而是浅黄色的。单质硫是一种性脆、坚硬、可燃的物质，又叫作硫磺。在自然界中，硫有时以硫磺的形式存在，但更多情况下是以混合物和杂质的形式存在于其他矿物中。

硫燃烧时会释放出刺鼻的气体。自古以来，迷信的人们认为这是邪恶力量的味道。所以猫，尤其是黑猫，与迷信中硫的气味是分不开的。事实上，硫和人是密不可分的——人的体重中每500克就含有1克左右的硫元素！猫的健康也需要硫元素。硫广泛应用于化学工业，同时也是生产火柴、火药和烟花的重要原料。

*俄语中，灰色（серый）和硫（сера）拼写相似。

# 附近某处住着一只平淡无奇的灰猫。

如果你去寻找，就会发现每个伟人的身边都有那么一只平淡无奇、态度谦逊、幕后操控他的猫——灰色“红衣主教”。

**灰猫有的心地善良，有的脾气暴躁，有的性格保守。它们喜欢吃罐头食品和熏制香肠，喜欢睡在床中央，还喜欢跳到餐具柜上拍打餐具。如果惹怒了它们，后果会很严重！**

猫需要硫，因为硫可以使猫的毛发更加健康。老鼠体内含有硫，为了获得健康的毛发，猫需要老鼠！

# 猫化学题

图中藏着8只灰猫。

请把它们找出来吧！

猫应该时刻保持警惕。如，夜晚检查有没有危险物钻到人的被窝里。最好每半小时检查一次。

猫化学家必须格外谨慎，
以免不小心把牛奶和鲱鱼混在一起！

你没必要跳到餐柜上，尽管里面有更多的香肠！顺便说一句，这是我的熏香肠。

没关系！在三月来临前我的伤一定会痊愈！顺便问一下，还有什么熏香肠吗？

# 一瘸一拐

忧郁的元素

我，猫波塞冬，不幸从餐柜上摔下来之后，亲自把这个元素输入到元素周期表中。但这只是暂时的——只有它是我生活的一部分时。我说的是元素，而不是餐具柜。只要我不再一瘸一拐，我就把它从元素周期表上抹去。

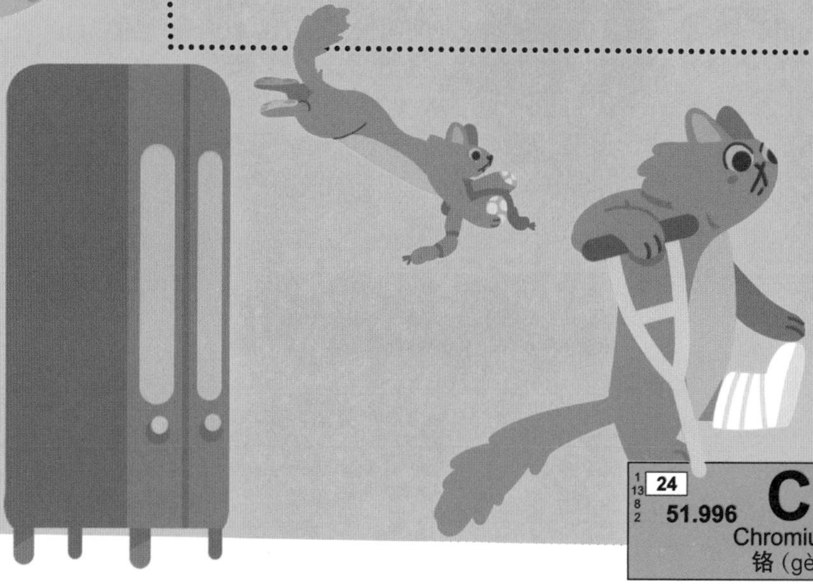

1
13
8
2
24
51.996
Cr
Chromium
铬（gè）

真正的铬*是一种蓝白色金属，非常坚硬，是不锈钢生产的必备添加物。铬通常是各种金属部件和物体表面的闪亮涂层，也就是人们所说的镀铬。这跟“一瘸一拐”一点关系都没有！铬这个词来源于希腊语，原意是颜色、颜料。

* 俄语中，瘸腿（хромота）和铬（хром）拼写相似。

# 上蹿下跳

快乐的元素

瞧，猫痊愈了！我们不再需要一瘸一拐了。让它变成上蹿下跳吧！什么东西需要我们上蹿下跳，我们就去找什么。

小猫厨房来觅食，打翻了花盆，撞坏了水杯。它可不是四处捣乱，只为把新元素来寻！

元素的名称稍作变换，意思就完全相反了！

# 猫化学谜语

聪明博学的猫必须从小就接受机智锻炼，这样它才有权统治世界！而猜谜语就是一个很好的锻炼项目。

增减偏旁猜字谜也是一种谜语。通过给汉字增加或减少一个偏旁产生一个新的汉字。如：猫—苗，米—咪！

替换偏旁猜字谜也是一种谜语。把原有汉字中的偏旁替换成另一个偏旁就能得到谜底：喵—猫；咪—粟。

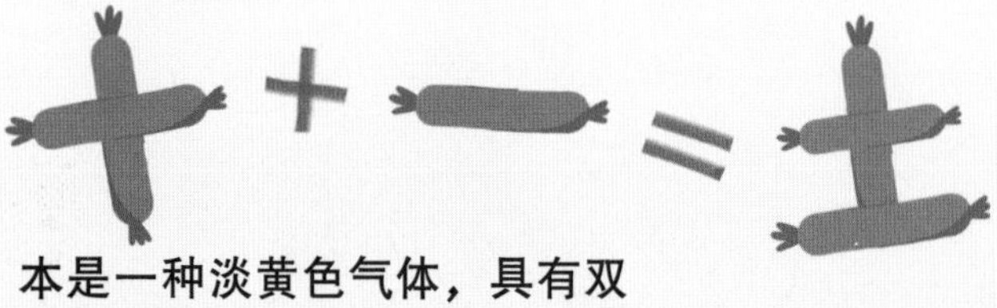

本是一种淡黄色气体，具有双原子结构，现在变成了一种动物。

氟——狒

白白地浪费了一个偏旁——原本是一种坚硬的金属，现在变成了一个代词。

铬——各

原本是一种臭气熏天的红棕色非金属，但换了一个偏旁就变成了一个动作。

溴——嗅

# 呼噜猫

它是一只小猫咪，任意一只小猫咪都可以叫“呼噜猫”。猫妈妈们会经常对它的孩子们说:“你这个打呼噜的小调皮！”你以为猫妈妈生气了，实际上，它们还有些小骄傲呢。

这似乎令人难以置信，但猫打呼噜的原因至今不明！有一个解释是：猫的呼噜声是由第二对声带振动产生的。为了产生这种振动，猫的喉部肌肉每秒要收缩30次。

2 13 8 2 | 25 | 54.938 | **Mn** | Manganum | 锰 (měng)

锰*是一种银白色金属，质地硬脆，在冶金业中用作合金的添加剂。锰在军事上有特殊的价值——很明显，添加锰元素的装甲钢比普通钢要坚固。

所有植物和动物体内都含有锰元素，尽管含量通常很低，一般不超过十万分之几。人类和猫的体内都需要少量的锰元素。

* 俄语中，猫的呼噜声的拟声词（Mn）和锰的符号（Mn）拼写一样。

我们能烧灼表面，
也能吓跑细菌！

你家可能有一种含锰的
化合物——高锰酸钾。

事实上，高锰酸钾是含锰的化合物——高锰酸类钾盐。它是一种深紫色晶体。如果将它放入水中，周围的水会立即变成鲜艳的紫色。高锰酸钾溶液是一种简单有效的杀菌剂，可用于各种物品消毒，也可用于消毒皮肤和伤口，所以每个家庭都可以备上高锰酸钾。

高锰酸钾通常以晶体形式储存，需要时可用水稀释。这是一种很强的氧化剂，使用时要小心谨慎！选择正确的溶液浓度十分重要——低浓度溶液可杀死物体表面的细菌，而高浓度溶液则会灼伤物体表面。

此外，高锰酸钾可与家庭药箱中其他物质发生强烈反应，因此要把它们分开存放！

# 化学实验

## 不用火柴，不用打火机，如何取到火。

千万当心！别把房子烧了！

请与成年人一起做实验！

1）实验场地要求：耐火地面，通风良好，附近不得有易燃物品。

2）戴上手套和护目镜。展开一张普通纸巾，将高锰酸钾晶体小心地堆放在纸巾折痕处。

3）将甘油倒在高锰酸钾晶体上，快速（非常迅速，在化学反应开始之前！）将餐巾纸折起并包住混合物，再把手移开。一瞬间，餐巾纸就会燃烧起来。在强氧化剂高锰酸钾的作用下，甘油与氧气发生剧烈反应燃烧起来，同时释放出二氧化碳和水蒸气。

建议在有专业设备的地方进行有火的实验，比如，有通风设施的化学实验室。

取火？胡说！取火可不是我们猫的事。把作业本里的“2分”抹掉——这才是我们要做的！我现在就教你们怎么做！

## 千万小心，别把桌子烧了！

接触化学物品时要小心谨慎！如果皮肤碰触到化学物品，会被烧伤。实验时一定要戴橡胶手套。这样，作业本里修改过的那一页纸上也不会留有你的爪痕！

1）将高锰酸钾晶体与醋混合在玻璃容器中。

2）用一根棉签小心蘸取混合溶液并涂在“2分”字迹上，将其充分浸湿。

3）将另一根棉签在清水中浸湿，用湿棉签把涂在“2分”上的混合溶液擦掉，再用纸巾擦干表面。“2分”消失了吗？别急，还没有完！

4）再用第三根棉签蘸取过氧化氢溶液（双氧水）擦掉字迹。

5）最后，用纸巾把湿处擦干。

就是这样做！“2分”消失了。

如果“2分”是用钢笔、中性笔、圆珠笔写的，这样做就会有用。因为醋和高锰酸钾的溶液会使墨水氧化，过氧化氢又会使氧化时产生的锰化合物变得无色。

波塞冬！你教小猫学什么呢！
正常猫科动物的随机应变和迷惑世人。难道我们不是猫吗？我们的座右铭是：旋转—转身—抓住—跑掉（到沙发后面的安全地带）！

# 跑掉

我来——我看——我征服！

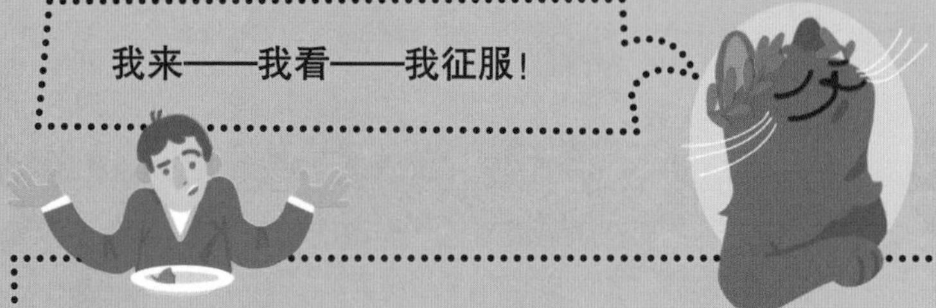

“跑掉”元素具有挥发性，易发生化学反应。任何情况下，都不要将其与普通食物混为一谈！食物是放在碗里的。而这个元素是在斗争中获得的，是逻辑链上的最后一环：旋转—转身—抓住—跑掉！这种元素存在的时间很短，一旦它出现在沙发后面、橱柜后面或其他隐蔽的地方，就会立刻消失不见。

| | |
|---|---|
| 1 18 8 2 | 29 |
| 63.546 | Cu |
| | Cuprum |
| | 铜 (tóng) |

元素周期表中，猫确信铜*元素的名称是由“购物”这个单词演化而来的——不管人类买了什么东西，猫都会叼着它跑掉。当然，这完全是胡说八道。

铜是人类应用最广泛的金属之一。在石器时代与铁器时代之间的一段时间里，人们使用铜制工具和兵器，之后是青铜（铜锡合金）制工具和兵器。很难说现在人类活动的哪个领域可以离开这种玫瑰金色的金属，从电子设备、电气技术、机器装备、建筑工程到合金材料、工艺设计……总之，铜无处不在。

铜元素是人（或猫）所必需的元素，可从食物中获取。动物肝脏、各种谷物、坚果，以及章鱼体内都富含铜元素。章鱼的血液是蓝色的，因为它含有铜，而不是像人类一样含有铁。

* 俄语中，跑掉（едь）和铜（Медь）拼写相似。

# 有些猫对“跑掉”这个词有自己的理解——出发吧！

有一次在英国，人们在一辆卡车上发现了4只小猫，它们是来自意大利都灵的游客。小家伙们的妈妈十分担心，因为这4只小猫没打招呼就踏上了旅途，所以它们很快就被空运回了都灵。

猫咪比格尔斯乘坐澳航航班从澳大利亚起飞前往新西兰。旅途中，比格尔斯非常高兴，它并没有在目的地停留，而是立即换乘另一航班飞离。一周内它到访过许多地方，包括新加坡和斐济群岛，最后安全返回澳大利亚。

很多时候，猫会钻到汽车引擎盖下面（当然不是在汽车行驶的时候，而是停在停车场的时候），在温暖的引擎旁取暖，就这样，汽车常常带着猫咪一起上路。因此，经常有新闻报道，猫咪藏在汽车引擎盖下周游了200千米或300千米。英国有一只小猫就这样跑了1000多千米！汽车载着它跑了十天，每次汽车到站后它就钻出来找东西吃。最终司机发现这只小猫咪时，对其恋恋不舍，于是就把它留在了身边，并起名叫“直达运输”。

# 黑鱼

我们的裁决很简单：不给猫黑鱼，坏蛋就是你，吝啬鬼一个，污点伴随你。

这是最美丽、最善良、最慷慨的元素。自然状态下纯黑鱼很少见。幸运的是，猫很早就掌握了把不是黑鱼的食物变成黑鱼的方法，那就是发出适当频率的声波。不给鱼吃喵喵叫，鲜美鱼儿就来到。

**Ga** 31 3 18 8 2
69.72
Gallium
镓（jiā）

镓*！元素周期表中第31号元素！古拉丁文的意思是法国。门捷列夫在元素周期表中预言了该元素的存在。勒科克·布瓦博德朗——一个名字很长的法国人发现了这一元素。他本可以用自己的名字命名，但他最终以祖国的古拉丁文名命名。真了不起！顺便说一句，还有直接以法国名字命名的元素（元素周期表中的第87号元素），但它是在镓元素之后发现的。

镓是一种稀有的银色金属，质地柔软，价格昂贵。镓常应用于电子和激光领域，因此广受重视。

*俄语中，黑鱼（Даллий）和镓（Галлий）拼写相似。

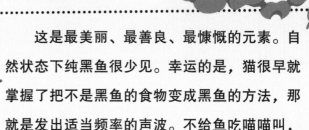

# 猫化学实验

喵——喵——

## 如何在家中用非黑鱼食材做出黑鱼呢？“喵喵”叫！

英国科学家认为猫有16种叫声（我告诉你，你可要保守秘密，其实还有更多种！只是在数到第100种之后，我就不再数了）。他们还认为，猫“喵喵”叫是为了向人类施加影响。那为什么小狮子也“喵喵”叫呢？英国科学家对“喵喵”叫知之甚少呀！实际上，是的，向人类施加影响肯定是有的。我们不否认这一点。

喵——喵——　　——喵——喵　　喵——

大点声！

“喵喵”叫吧，不要难为情

再响亮些！

喵——喵——　　喵——喵——　　喵——喵——

不是这样的！
声音要尖细绵长，如泣如诉！

你就是全世界最饥饿的那只猫！

喵——喵——

不停地“喵喵”叫，直到人类准备倾囊相助！

我们也会嚎叫、嘶叫、怒叫，对付那些不重视我们的人，我们还会抓挠。

此外，小猫还会吱吱叫，而且还能发出只有猫妈妈能听到的超声波。

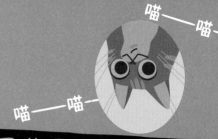

# 德国

德意志雷克斯猫，又称德国雷克斯猫或普鲁士雷克斯猫。“雷克斯”在拉丁语中的意思是“国王”，之所以加上德国的或普鲁士的，是因为该品种的猫是在德国的普鲁士地区培育出来的。德国雷克斯猫是一种惊人的生物，它们身体强壮、肌肉发达，通体覆盖着细长而卷曲的绒毛。虽然这种猫被认为是德国的品种，但它们的祖先却是俄罗斯蓝猫和波斯猫。这就是人民之间的友谊。

**Ge** 32 72.59 4 18 8 2
Germanium
锗（zhě）

锗*也是被门捷列夫预言存在的元素，被德国科学家克莱门斯·温克勒发现。因此，它以德国的拉丁名（Germania）命名。这种灰色金属运用于光学仪器，特别是夜视仪器的制造，同时也应用于电子学和核物理领域。

* 俄语中，德国（Германия）和锗（Германий）拼写相似。

# 牦牛鼠

它是一只老鼠，是古代猫咪史诗《呼噜喵》中的一个角色，体态如牦牛，硕大无朋；品性如狼，凶恶至极。它是所有猫咪们的噩梦，它是全世界最有害的生灵。成年猫咪经常用它吓唬淘气的小猫。就连人类也很害怕牦牛鼠，甚至称其为毒药！

在古老的蓬特王国，国王米特里达特六世非常害怕中毒，他从小就服用低剂量的砷，以使身体适应毒性。据说，毒药真的对他不起作用。一只从小就抓老鼠的猫，不会害怕任何牦牛鼠！

也许就是这样一只牦牛鼠在圣赫勒拿岛杀死了拿破仑！

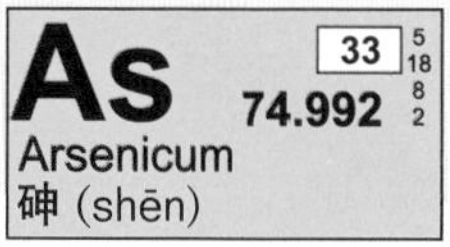

在自然界中，砷元素主要以硫化物矿的形式存在，如雄黄、雌黄等。天然的砷块，仿佛是亮灰色中略带绿色的硬壳或果壳。人们很久以前就知道砷是一种致命的毒药。因为有毒杀老鼠这一特性，因此而得名*。如今，砷作为某些合金的添加剂常用于冶金制造领域。

* 砷的俄语单词（мышьяк）由老鼠（мышь）和毒药（як）构成。

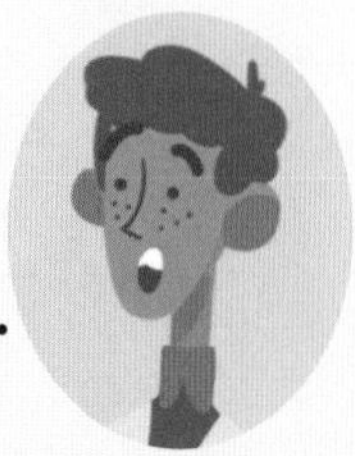

那是什么怪物？波塞冬，你可是只猫啊，快把它赶走！

你知道吗，我妹妹雅典娜正在写一本关于猫的历史的书。书中有比这更吓人的庞然大物……就像狼人鼠。还记得灰姑娘故事里的老鼠吗？

# 塞勒涅

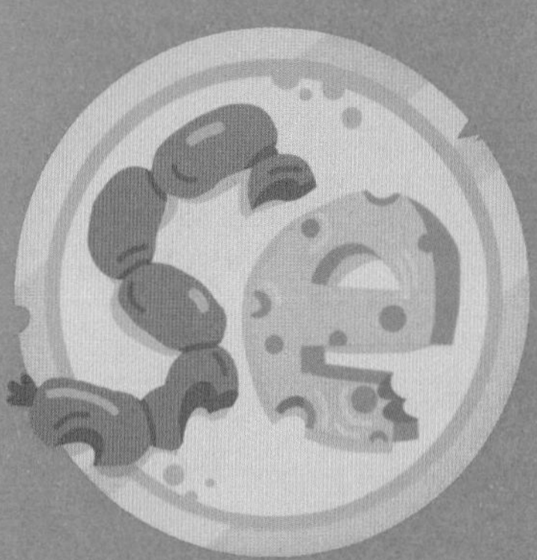

这个猫元素是以古希腊月亮女神塞勒涅的名字命名的。我想这无需任何解释。皓月当空，月光下漫步，月光里歌唱。特别是，三月屋顶大合唱，这是猫的重要传统习俗，甚至，这可能是最重要的习俗。香肠胃中过，月亮心中留！

Se 34 78.96 6 18 8 2
Selenium
硒（xī）

硒的发现者是瑞典化学家约恩斯·贝尔塞柳斯。他以“月亮女神”的名字为这一新元素命名。他本人的解释是，硒与以“地球母亲”为名的碲元素（元素周期表中第52号元素）相似。但这种解释是站不住脚的！想来应当是这样的：贝尔塞柳斯有只猫，而这只猫，可能……瞧，我在说什么呢？

硒性脆、有光泽，多为黑色，也有灰色和红色。常应用于电子和医学领域。月亮上是否有硒元素目前还不得而知。

# 猫化学题

有一天，老鼠们听说，月亮是由上等奶酪制成的，于是，它们决定吃掉月亮。38.44亿只老鼠聚在一起，一个踩着另一个的肩膀奔向月亮，差不多只剩一步了，但幸运的是，它们被猫发现了。如果1只猫每分钟能吃掉2只老鼠，每1秒钟又会有1只新老鼠从洞里跑出来，请问拯救月亮需要多少只猫？

至少有三种解决方案：

1）一只猫也不需要。因为地球与月球之间隔着太空，老鼠无法到达月球。站在最下面的老鼠不堪重负，在其他老鼠的重压下会被压扁！

2）需要1只猫——吃掉最底层的老鼠，把新来的老鼠赶走。即使老鼠搭起的金字塔没有坍塌，从地球到月球的距离为38.4401万千米，老鼠平均身高为10厘米，因此，38.44亿只老鼠够不到月球。

3）需要30只猫。在迫不得已的情况下，但我认为，这种情况不会出现。因为老鼠对奶酪的看法是错误的，每只猫都知道，月亮其实就是一只巨大的蜷缩着的猫。

夜晚来临，人们进入梦乡。此时，猫开始忙碌起来：拯救月球、建造埃及金字塔、征服珠穆朗玛峰、指引科学家发现新元素、用双肩撑起大地。否则，它们为什么白天都在睡觉呢？！

波塞冬！波塞冬！醒醒，醒醒！我们可是在写书呢！

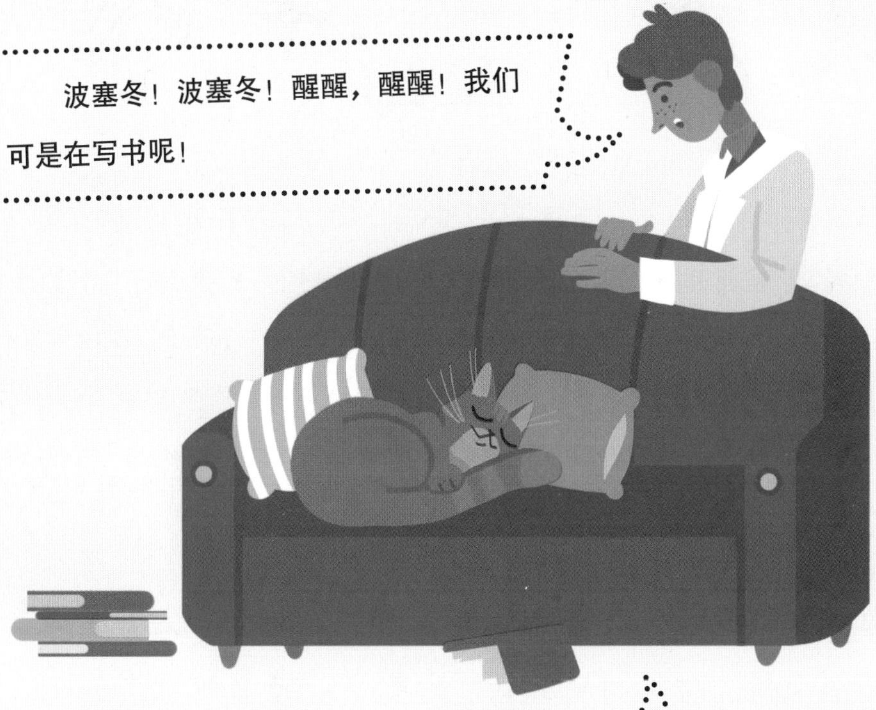

我太累了。整个晚上都忙着把月亮从老鼠手里拯救出来。你自己写点什么吧……别打扰我睡觉……

# 金属与非金属

金属具有延展性，且有光泽。
米哈伊尔·瓦西里耶维奇·罗蒙诺索夫的猫

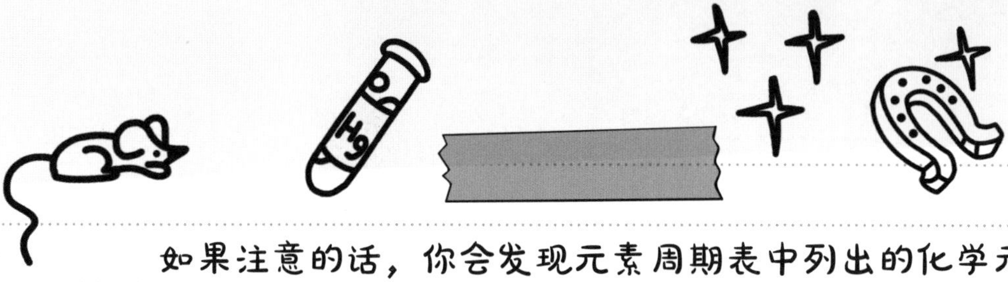

如果注意的话，你会发现元素周期表中列出的化学元素可以构成两类单质——金属和非金属。它们有什么区别呢？

金属通常具有特殊（也称“金属般的”）光泽，导热和导电性能良好。大部分金属具有延展性，即它们在外力作用下会改变，但不会被损坏。金属通常呈固态，但液态金属汞是一个例外。常温下，不存在气态金属及其化合物。有的金属性脆，有的金属性质活泼，可与氧气发生反应。金属的颜色也可能各不相同，但它们的共性是不变的。

非金属……嗯，这是另一类单质。它们不具有延展性，导电、导热性差，有液态形式和气态形式。元素周期表的118个已知元素中只有22个是非金属元素。（科学家们还不清楚第110号到118号之间的元素有什么特性。）

对于化学初学者来说，有一个简单的方法可以区分元素周期表中的金属和非金属元素，虽然不完全准确。

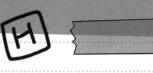

在元素周期表上（从1号氢元素到85号砹（ài）元素）画一条对角线，除氢外，所有非金属及部分金属元素都位于对角线的右侧。恰好在线上的元素是氢（当然是非金属）和砹。砹是一种非常稀有的元素，在整个地壳中，它的含量几乎不超过1克。砹的放射性非常强，只能人工获得。令人惊奇的是，尽管砹通常被归为非金属，但它同时具有金属和非金属的特性。正如俗语所说，非鱼非肉，不伦不类！

鱼？肉？！你是说肉吗？

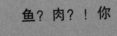

别激动，这只是个比喻。但你醒得很及时，我刚写完我的那页内容。

你要慎重使用比喻句！尤其是在猫面前。你写了些什么无聊的东西啊。

你要知道，我们是在编写一本严肃的书，而不是马戏表演。

# 马戏团

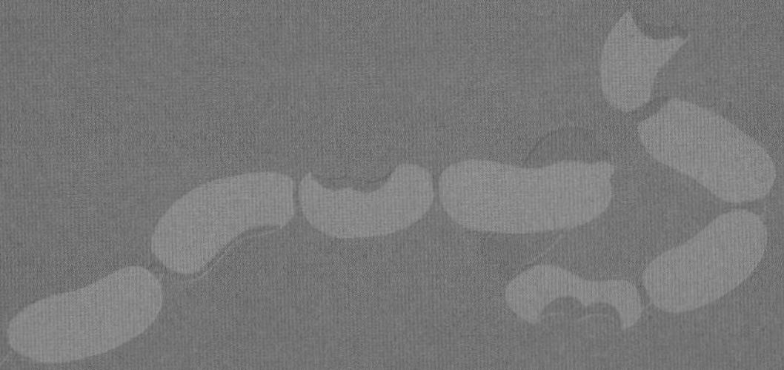

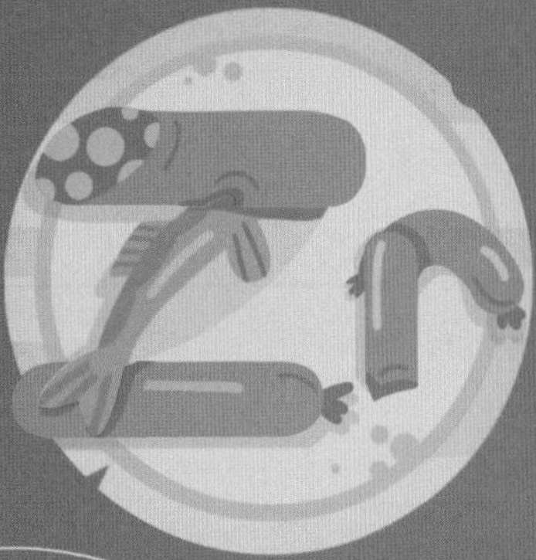

每只猫的体内都住着一位著名的杂技演员，他经常出人意料地开始排练：提高从壁橱蹿到吊灯上的技巧，反复实践肉馅消失的魔术，练习骑在客人身上赛跑。难道说，明天突然应邀去表演，而猫还没做好准备吗？

2 10 18 8 2
40
91.22
**Zr**
Zirconium
锆（gào）

锆*是一种稀有的贵金属，银白色、难熔解、耐腐蚀。多应用于冶金、能源（包括核能）和医学（用于制造假肢）等领域。跟马戏团一点关系都没有！

*俄语中，马戏团（цирк）和锆（Цирконий）有一部分字母相同。

# 猫化学题

这里藏着7只老鼠，马戏团表演急需它们参加。帮忙把它们找出来吧。

# 猫化学题

魔术表演成功了吗？魔法棒发挥作用了吗？

请找出上面两幅图的20处不同！

# 技术猫

技术猫指精通技术的猫。它知道如何开关电视。懂得用微波炉解冻鱼。它能重新为扫地机器人编程并骑着它干自己的事，它还能熟练地操作电脑——躺在电脑上睡大觉。

2 13 18 8 2
43
97.91
Tc
Technetium
锝 (dé)

门捷列夫曾预言锝*元素的存在——当时的元素周期表中第43号元素的位置是空的。众多研究人员试图在自然界中找到这个元素，但一无所获。科学家们用了将近一个世纪的时间寻找第43号元素，他们甚至开始认为这个元素根本不存在。但在1937年，意大利物理学家埃米利奥·塞格雷和矿物学家卡罗·佩里耶不仅发现了锝元素，而且还人工制得了。事实上，这种银灰色放射性金属在自然界中的衰变速度非常快。所以，几百万年前它在地球上的储量就已经耗尽了。现在它只能在核反应堆或物理科学家的实验室中人工制得。

锝具有放射性，价格昂贵，广泛应用于先进的诊疗设备。

*俄语中，技术（технический）和锝（Технеций）拼写相似。

# 猫化学题

与猫在一起

总是乐趣无穷！

## 制造自己的猫元素！

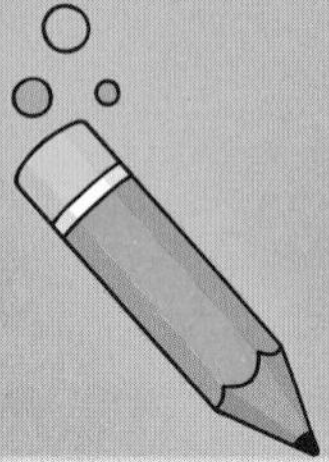

设计并画出一个猫元素符号。

确定猫元素在元素周期表中的序号。

给这个猫元素起个名字。

此处填写新猫元素的性质。

来吧，这是什么元素？

我希望有人能以我的名字命名一个猫元素。元素周期表上所有伟大的科学家都将流芳百世，除了我！表中有以门捷列夫命名的元素，还有以卢瑟福、迈特纳、居里夫人、爱因斯坦、费米、诺贝尔命名的元素*……就是没有以我波塞冬命名的元素。

你仔细看过了吗？也许**第93号元素**会让你欣慰呢？

*文中所说以科学家的名字命名的7个元素按顺序为：钔（Mendelevium）、鈩（Rutherfordium）、鿏（Meitnerium）、锔（Curium）、锿（Einsteinium）、镄（Fermium）、锘（Nobelium）。

看看元素周期表吧，但要看真正的元素周期表，而不是猫元素周期表！为什么编辑会这么做？

# 俄罗斯猫

俄罗斯有多少只猫，确切地说没有人知道。据说，每三个俄罗斯家庭中就有一家养猫。

你怎么看出这是一只真正的俄罗斯猫？很多人认为可以根据俄式三弦琴或俄式茶炊判断，但实际的依据是美貌与智慧！看看我，猫波塞冬，你就会明白的。与西欧人不同，俄罗斯人一直很喜欢猫。俄罗斯有很多著名的猫的品种！毛茸茸的西伯利亚森林猫、优雅的俄罗斯蓝猫、美丽的涅瓦河假面猫。这真是太棒了！

1 15 18 8 2 | 44 | 101.07 | Ru
Ruthhenium
钌 (liǎo)

这一次，我的同事猫波塞冬说的完全正确！因为俄罗斯的猫的确令人着迷。此外，元素周期表中第44号钌元素就是以“俄罗斯”一词的拉丁语“Ruthenia”来命名的。俄罗斯喀山大学教授卡尔·克劳斯发现并命名了这种银色金属。

钌耐高温、耐氧化，属于稀有金属，价格昂贵，多用于高温环境，如航天器。钌也是一种很好的催化剂，可促进其他元素之间产生化学反应。

猫化学书中应该写“猫催化剂”，而不是“催化剂”！
波塞冬，整本书不可能全部都是关于你们猫的！

**催化剂**（不要与猫催化剂混淆！）是一种能加速其他物质之间发生化学反应的物质。它本身在反应中不会消失或发生改变。例如，汽车排气系统的特殊装置上有一层特别薄的铂铑钯合金，可以促使汽车尾气中有害杂质与氧气发生反应，从而去除有害杂质，而催化剂（铂铑钯合金）本身却没有被消耗掉。当旧汽车被回收处理时，铑钯合金会被提取出来，重新用于新车，毕竟它们价格不菲。

# 特工

## 秘密的猫元素！

每只猫都是金子。只有那只猫才是“银*子”——它吃光了主人的晚餐，逃跑时打翻了花瓶，吓得连滚带爬还尿了别人的拖鞋，跳出窗子时又碰坏了窗户。除它之外，所有的猫都是金子！

事实上，任何一只猫都是训练有素的特工。证据？好吧！它夜视功能强大，它走路悄无声息，它四处乱窜，神出鬼没。它能穿过紧锁的大门，它能攀援陡峭的物体，它能难以置信地纵身一跃，它能假装在电脑主机上睡觉，实则读取信息并加密传送，它还能专业地隐藏在你的毯子下面。它可以随便从什么地方（甚至从邻居的阳台上）得到任何东西（和任何人），然后瞬间消失，就像从未来过。审问你的猫：“你在为谁工作？”此时，注意观察它的脸，看它的表情多么无辜！真是一个职业特工！

| | |
|---|---|
| 47 | Ag |
| 1 18 18 8 2 | 107.868 |
| | Argentum 银（yín） |

银的拉丁文名称是Argentum。众所周知，银是一种浅色的贵金属。常见的银制品有首饰、硬币、奖牌、餐具、电子元件等。银也常应用于蓄电池和医药领域。它还是一种催化剂，银与碘的化合物常用于人工增雨。

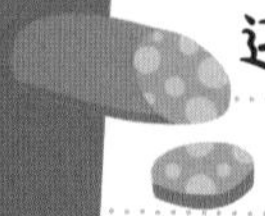

* 俄语中的特工（Аргентум）和拉丁文中的银（Argentum）拼写相似。

# 特工的技巧 伎俩！

神秘特工都有一种特制隐形墨水用来书写秘密情报。猫也不例外。要不然你以为，猫为什么那么喜欢牛奶？

用尾巴尖（如果觉得弄脏尾巴很可惜，就用刷子）蘸上牛奶，在一张白纸上书写或作画，然后把纸彻底晾干。空白纸一张，干净如初？用熨斗或其他方法将纸加热，秘密情报就会现身！

这种隐藏字迹的方法被称为**密写术**。

用飞机向云层中撒播碘化银，聚集在碘化银周围的水滴将变重，随后变成雨倾泻而下。为了纪念银元素，南美洲的国家阿根廷（Argentina）以银（Argentum）命名。

借助银来驱散乌云？胡说！我们猫才是天气的真正主宰。如果一只猫睡觉时蜷缩成团，那就预示着天气要变糟糕。
我有点不明白了。为了让天气好转起来，难道要让熟睡的猫舒展伸直吗？

# 猫问卷

冬季，如果猫用爪子抓地挠墙，满屋乱窜，蜷缩成团睡觉，那就预示着要有……

寒潮

夏季或秋季，如果猫大量喝水、常晒太阳、抓挠墙壁、藏起小脸那就预示着要有……

雨

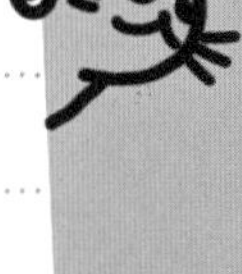

如果猫舔爪子、挠门、扯地毯，那就预示着要有……

风

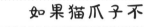

如果猫爪子不停地挠门，那就意味着……

- 愚笨的主人应意识到它无法忍受眼前紧闭的大门
- 它需要出去散步
- 它只是恶意破坏
- 外面将狂风大作

如果您的猫悠闲地躺着，那就意味着……

- 悠闲躺着的时间到了
- 它正在消化“肉饼”
- 它霸占了您的位置，因为房间里所有地盘都是它的
- 寒潮即将来临

如果您的猫喝水比平时多，那就意味着……

- 肉饼、香肠和鲭鱼都太咸了
- 前一天喝了很多安神剂
- 它太热了
- 即将阴雨连绵

# 鲱鱼

这是从海水中提取的元素——部分由人类提取，部分由“水猫”（猫化学元素表中第1号元素）提取。鲱鱼与家庭主妇发生化学反应后，会进入一种“皮衣包裹”状态，被一层不那么值钱的元素所覆盖。该元素易形成腌制、熏制及罐装化合物。

2 18 18 8 2
48
112.41
Cd
Cadmium
镉（gé）

镉*以古希腊神话英雄卡德摩斯的名字命名。镉的化学符号Cd与鲱鱼及CD光盘完全无关。镉是一种银色柔软金属，价格相对便宜，常用于合金、电池、油漆及核能领域的生产制造。镉涂层可保护钢制品免受腐蚀和锈损。

* 俄语中，鲱鱼（Сельдий）和镉（кадмий）拼写相似。

# 猫化学题

一只饥饿难耐的猫空腹能吃多少块鲱鱼？

答案：只有一块！其他鲱鱼它也会都吃掉，有了第一块鲱鱼后就不再是空腹了。

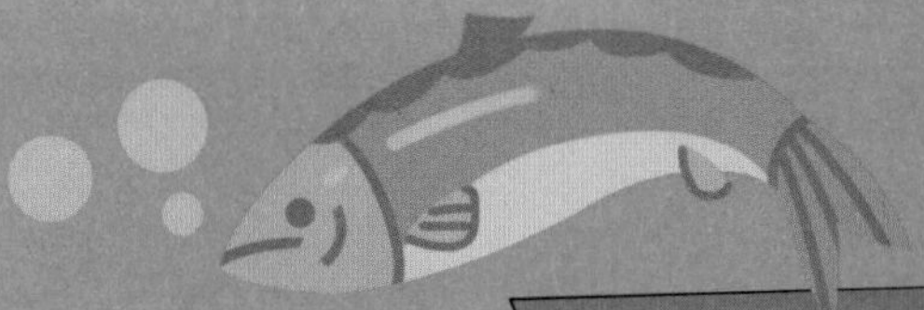

很长一段时间以来，咸鲱鱼一直被认为是穷人吃的食物——味苦难吃。后来，到15世纪，荷兰人意识到苦味是由鲱鱼的鳃造成的，如果腌制前把鳃去掉，苦味就会消除。但他们没有把这个秘密告诉任何人。他们在海上将打捞上来的鲱鱼直接放进桶里在船上腌制，这样就没人能看穿这个秘密了。美味的荷兰鲱鱼大受欢迎，国家经济也日益繁荣。但后来这个秘密还是泄露了。如今，每个人腌制鲱鱼前都会剪掉鱼鳃。俄罗斯加里宁格勒市是渔船前往大西洋捕捞鲱鱼的出发地，每年春天这里都要庆祝鲱鱼日！

# 印度草原斑猫

印度草原斑猫，属野生猫，身上有斑纹。不仅生活在印度，也分布在亚洲多国的大草原甚至半沙漠地区。印度草原斑猫身上的毛是伪装色，易隐藏，可伪装成沙子和石子的颜色，也可以伪装成烈日暴晒下的小草的颜色。所以，即使在开阔地它们也能藏身。它们常常回避人类，也不善于对人类发号施令。它们只吃老鼠和野兔，不吃沙丁鱼，也不吃馅饼。所以，印度草原斑猫生活得更自由自在！

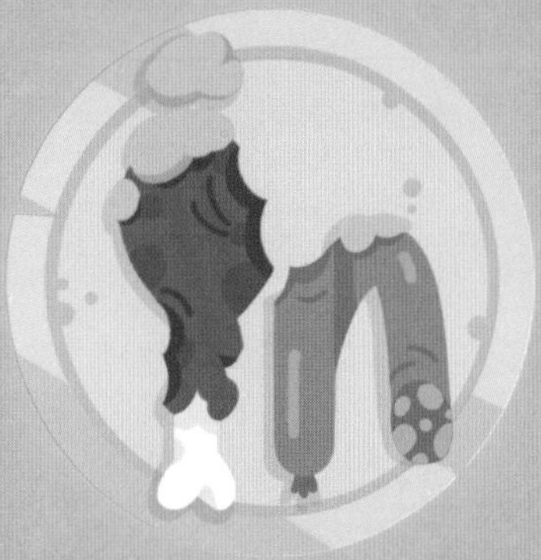

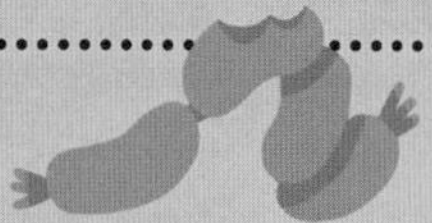

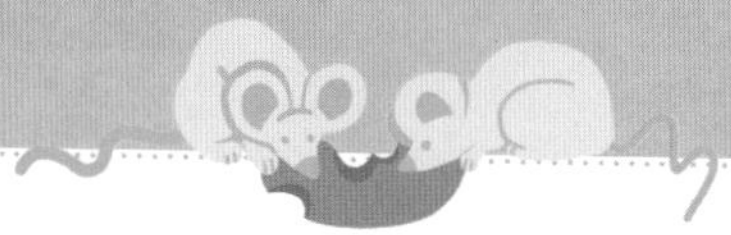

In 49 114.82 3 18 18 8 2
Indium
铟（yīn）

事实上，铟*是一种银色金属，质地柔软，熔点低。主要用于制造LED灯管和液晶触摸屏。如今，电视、平板电脑、电脑显示器和手机都离不开铟元素的应用。将铟锡氧化物喷涂在玻璃上会形成透明导电薄膜，可像电线一样传输控制屏幕的电信号。由于屏幕的生产数量日益增多，铟储备量不足，所以价格年年上涨。科学家们正在寻找铟的替代物，以防铟资源枯竭。

* 俄语中，印度（Индия）和铟（индий）拼写相似。

# 化学题

| Период | Ряд | I | II | III | IV | V | VI | VII | VIII | | |
|---|---|---|---|---|---|---|---|---|---|---|---|
| 1 | 1 | H 1 | | | | | | | He 2 | | |
| 2 | 2 | Li 3 | Be 4 | B 5 | C 6 | N 7 | O 8 | F 9 | Ne 10 | | |
| 3 | 3 | Na 11 | Mg 12 | Al 13 | Si 14 | P 15 | S 16 | Cl 17 | Ar 18 | | |
| 4 | 4 | K 19 | Ca 20 | 21 Sc | 22 Ti | 23 V | 24 Cr | 25 Mn | 26 Fe | 27 Co | 28 Ni |
| | 5 | 29 Cu | 30 Zn | Ga 31 | Ge 32 | As 33 | Se 34 | Br 35 | Kr 36 | | |
| 5 | 6 | Rb 37 | Sr 38 | 39 Y | 40 Zr | 41 Nb | 42 Mo | 43 Tc | 44 Ru | 45 Rh | 46 Pd |
| | 7 | 47 Ag | 48 Cd | In 49 | Sn 50 | Sb 51 | Te 52 | I 53 | Xe 54 | | |
| 6 | 8 | Cs 55 | Ba 56 | 57 La | 72 Hf | 73 Ta | 74 W | 75 Re | 76 Os | 77 Ir | 78 Pt |
| | 9 | 79 Au | 80 Hg | Tl 81 | Pb 82 | Bi 83 | Po 84 | At 85 | Rn 86 | | |
| 7 | 10 | Fr 87 | Ra 88 | 89 Ac | 104 Rf | 105 Db | 106 Sg | 107 Bh | 108 Hs | 109 Mt | 110 Ds |
| | 11 | 111 Rg | 112 Cn | Nh 113 | Fl 114 | Mc 115 | Lv 116 | Ts 117 | Og 118 | | |

| | | | | | | | | | | | | | | |
|---|---|---|---|---|---|---|---|---|---|---|---|---|---|---|
| | 58 Ce | 59 Pr | 60 Nd | 61 Pm | 62 Sm | 63 Eu | 64 Gd | 65 Tb | 66 Dy | 67 Ho | 68 Er | 69 Tm | 70 Yb | 71 Lu |
| | 90 Th | 91 Pa | 92 U | 93 Np | 94 Pu | 95 Am | 96 Cm | 97 Bk | 98 Cf | 99 Es | 100 Fm | 101 Md | 102 No | 103 Lr |

门捷列夫绘制元素周期表时，许多单元格都没有填写。根据已知元素，他成功预测了几个未知元素的存在。这些元素被发现后，已填补在表格中的空白处。结合上表和猫化学元素周期表（第12页），找到目前未知但已被猫波塞冬预测的元素——猫爪的位置。它位于横行与纵列的交汇处，并且横行与纵列中所有格子里已知元素的数字之和为1174。

答案：行数字之和：Rg+Cn+Nh+Fl+Mc+Lv+Ts+Og=916；

列数字之和：Co+Rh+Ir+Mt=258；

合计：1174

# 碘

**是我们猫发现的！**

碘是猫发现的化学元素！当然，我们经常把所有发现都告诉人类，但这些目光短浅的人有时很迟钝！所以，你必须把一切掌握在自己的爪子中。有一个法国人名叫贝尔纳·库尔图瓦，他养了一只猫。这只猫迫切地想把它的“宠物”培养成著名的科学家。于是，猫整天在库尔图瓦耳边念叨新化学元素的分子式，但这位法国人不善领会，他没有发现新的元素，而是开办了一家生产火药原料的化工厂。猫不得不亲自动手——打翻酸液罐，就像是一场意外。酸性物质渗入到生产硝石的废料中，冒出了紫色烟雾！紫色烟雾冷凝后形成了深色的晶体，这就是碘。

I 53 126.9045
7 18 18 8 2
Iodum
碘 (diǎn)

波塞冬这次不仅说得很对，而且连这个元素的名称也写得完全正确。碘的意思是“紫色的”，正是库尔图瓦所见的烟雾的颜色。在自然界中，碘存在于各种矿物、海水、藻类和所有生物体内。碘被提取出来后会变成深色晶体。含碘的酒精溶液就是碘酒，是每个药箱里都有的常用消毒剂。人类常常通过食物摄入碘，如果食物含碘量低，可以吃一些补碘药物。

# 化学实验

## 狡猾的碘——伪装大师！与猫一模一样！

**请与成年人一起做实验！**

!!!

小心！别把猫弄脏了！

将少量淀粉（厨房里一定有）放入透明耐热的容器内，加入水使其溶解。然后滴入一滴普通碘液，此时混合溶液将变成蓝色。再将混合溶液加热。加热后溶液变成无色的，仿佛从未变蓝一样，待溶液冷却后又变回蓝色。

哦，对了，波塞冬已经迫不及待地想告诉你，如何运用碘能变色这一特性了！瞧，它已经在本页的角落里探头探脑了！

建议在有专业设备的地方进行有火的实验，比如，有通风设施的化学实验室。

# 特工的狡猾

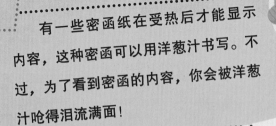

有一些密函纸在受热后才能显示内容，这种密函可以用洋葱汁书写。不过，为了看到密函的内容，你会被洋葱汁呛得泪流满面！

对猫特工来说，碘酒简直就是天赐之物！

猫坐在桌子前，一脸无辜地在一张干净的纸上滚动柠檬！而此时，它已经在纸上画好了秘密仓库的平面图，图上有鲱鱼、黍鲱和肉饼。这是用隐形墨水——柠檬汁画出来的！（没有柠檬也没关系，柠檬酸溶液也行。不过你可以用爪子追着柠檬玩。）那这关碘酒什么事呢？碘酒的作用在于可以解锁“柠檬密码”。只要用棉花蘸取碘酒溶液涂在纸上就大功告成了。

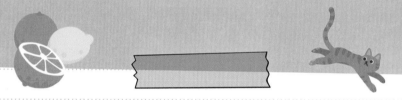

“柠檬密码”有一个致命的缺点。大家都知道，猫无法忍受柠檬和其他柑橘类水果——橘子、橙子、葡萄柚……因为柑橘类水果的果皮受损时会释放出香精油，伴有刺鼻气味，对嗅觉灵敏的猫来说这是有害的。因此，那些玩柠檬的猫马上就会暴露自己——每个人都将知道它是个间谍！所以，自古以来，聪明的中国猫就用浓稠的米汤代替柠檬汁书写密函。在弱碘溶液的作用下，隐形字将变成蓝色而显现出来。

# 有效的小猫智慧

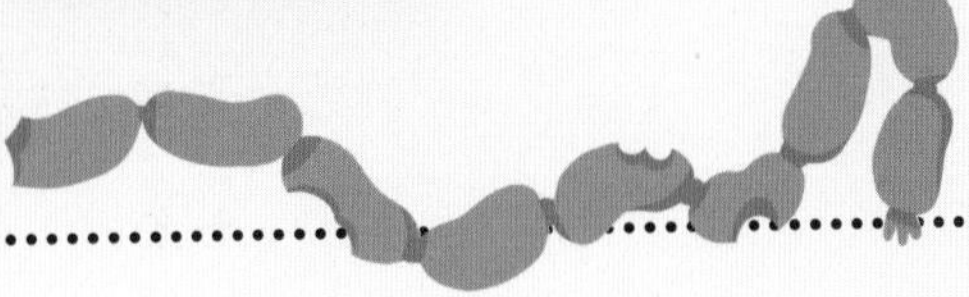

狗抓到一只偷香肠的猫。

“给我一张纸！”猫说，“我会亲笔写供词诚恳坦白的！”

第二天，主人从别墅回来大发雷霆，吼道：“是谁偷吃了香肠？！”

狗把那份供词交给了主人。当看到纸上的供词消失得无影无踪时，狗简直是瞠目结舌，大惊失色！猫爪子指向狗，而且眼神中充满着饥饿。大家猜猜，主人会相信谁呢？还有，猫是怎么做到的呢？

将一茶匙淀粉放入烤箱内，设定200℃高温烤制1小时，再将烘烤后的淀粉与碘酒混合，就能得到隐形蓝色墨水。用这种墨水书写，1~2天后，字迹中的碘将会挥发，文字也就变成无色的了。

瞧，化学实验，化学实验！我整条尾巴都沾上碘了，怎么洗都洗不掉！曾经那么漂亮的尾巴啊……

我的同事，你可是个化学家啊！你应该能想到，用切开的土豆擦洗尾巴啊，这样污渍就会轻而易举地消失了。

水洗不掉碘渍。但是，正如你所知，碘与淀粉易发生化学反应，如果你愿意的话，土豆或米汤中都富含大量淀粉。虽然蓝色碘渍看起来吓人，但的确很容易清洗掉。

# 凯撒

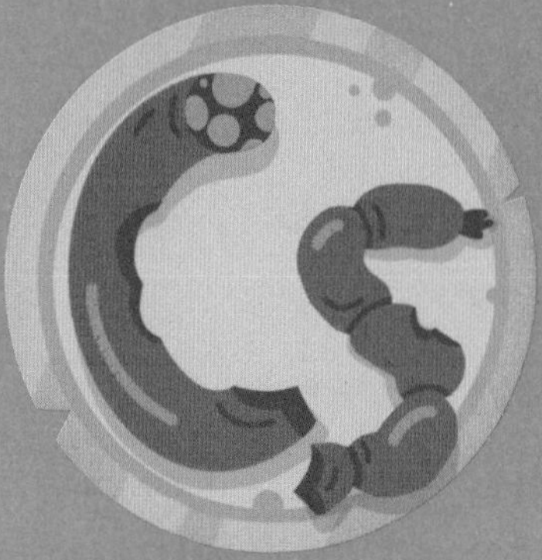

“凯撒”是我认识的一只猫。它住在5层20号房间。说实话，我答应用它的名字来命名某个猫化学元素，以此换回2千克香肠。但现在我意识到，应该要求换4千克……

Cs 55 132.905 1 8 18 18 8 2
Cesium
铯 (sè)

铯*是一种稀有金属，质轻、柔软、熔点低，温度高于28℃时，它就会变成液态。铯在空气中会瞬间燃烧，所以只能存放在密封的安瓿瓶中！只有3种金属是黄色的——金、铜和铯，铯是金黄色的。铯常应用于电子、光学（制造夜视仪）、能源及化工领域。

*俄语中，凯撒（Цезарь）和铯（Цезий）拼写相似。

# 贵族老爷

贵族老爷是一只养尊处优的猫。它可是家中老大，喜欢“老爷式休息”，有时也会变成“老爷式吃喝”或“老爷式娱乐”。贵族老爷从不走路，如果要去什么地方，它就会叫人：“嘿，伙计！”

**Ba** 56 137.33 2 8 18 18 8 2
Barium
钡 (bèi)

钡*是一种银白色金属，质地柔软，像难以服侍的“贵族老爷”——稍微加热或只是碰一下，它马上就会燃烧起来。如将其放入水中会发生剧烈反应。为了避免这位“贵族老爷”发怒，应创造一切条件小心存放——人们通常把钡封存在煤油或石蜡下面。

钡常应用于电子学、冶金（作为合金的添加剂）、光学（制造透镜）等领域，还可以用来制造焰火（产生绿色火焰）。钡还有个非常有趣的用法：从较高处喷撒钡粉，有助于确定地球磁感线的方向。

* 俄语中，贵族老爷（Барин）和钡（Барий）拼写相似。

# 猫的行动纲领

猫的思维很简单：吃饱肚子喜洋洋，抱着暖气懒洋洋，爱抚耳朵美洋洋，饭盆空空怒洋洋！

猫的行动纲领源于主人的不妥行径，止于主人的不当拖鞋。对人类而言，这是一个忏悔和改过自新的机会。一只精通化学的猫，它的行动纲领更具危险性。所以，无论如何别惹我们猫生气！

2 9 25 18 8 2 | 64 | 157.25 | **Gd** | Gadolinium | 钆（gá）

这不是什么“猫的行动纲领”，而是金属钆*！这是一种质地柔软的银白色金属，是瑞士科学家让·马里尼亚克发现的。他为了纪念第39号元素钇（yǐ）的发现者芬兰科学家约翰·加多林，用他的名字命名了钆元素，以感谢加多林对钆元素的研究所做出的卓越贡献，尽管那时加多林已经去世了。

钆常应用于电子学（制造信息载体）、激光技术、医学和核能等领域。钆能阻拦放射性物质释放出来的微粒，因此又被应用于辐射防护。例如，用镍钆合金制成放射性废物回收容器。

* 俄语中，行为（поведения）和钆（гадолиний）拼写相似。

# 狗吠

俄罗斯有1000多万只狗——欧洲排名第一，世界排名第五！

这种凶恶狠毒、牙齿锋利的破坏分子，一边追着猫跑，一边令人厌恶地狂吠。它们依赖并疯狂崇拜直立行走的两条腿人类。说出来都可怕，它们竟然在人类面前摇尾乞怜！我鄙视它们！地球上这种狗吠的现象多到让我们猫族无法接受。

2
10
32
18
8
2

72 Hf

178.49

Hafnium
铪（hā）

真正的铪*不会向任何人汪汪叫，也不曾把猫赶到树上。

尼尔斯·玻尔预言了这种银色重金属的存在。法国、荷兰和匈牙利的三位科学家为了铪元素的发现做了大量工作。

铪是制造耐热合金（使合金具有耐火性）和通信光缆的原料。同时，铪也应用在核电等领域。目前铪不是核燃料，但可用于制造原子核反应堆的控制棒。铪晶体未来也有望成为人类重要的能源。

* 俄语中，狗叫声（Гафффний）和铪（гафний）拼写相似。

# 隐藏的美味

隐藏的美味是指人类为防止猫偷吃而藏起来的所有美味。隐藏的美味各式各样。比如，美味可口的鸡肉，让猫垂涎欲滴的牛肉，杂粮粥勉强算是一般美味吧，如果加上奶油那就完全符合标准了。美味通常隐藏在不同的地方，经常是在冰箱里。如果人类发现，猫已经掌握了隐藏点，美味就会被转移到新的、猫无法进入的地方。这只是人类一厢情愿的想法，哈哈，重要的事情说三遍！这种多次被隐藏的美味叫再隐藏美味。寻找隐藏的美味既有利可图，又乐趣无穷，因此广受猫咪们的喜爱。

1 17 32 18 8 2
78
195.08
Pt
Platinum
铂（bó）

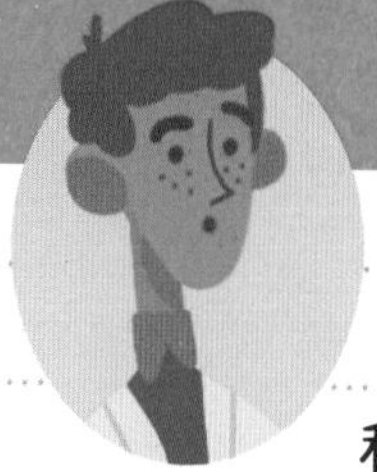

铂*是一种贵金属，颜色与银相似，密度比银大。铂俗称白金，但比金重，而且很难熔化。铂的化学性质稳定，不易与腐蚀金属的酸、碱发生反应。国际千克原器和米原器的生产制造都需要稳定性好、难溶性强的金属铂。如今，铂比黄金贵重得多。而在过去，铂作为生产黄金时产生的废料直接被丢弃。

现在，人们经常用铂打造昂贵的珠宝首饰，也用其生产奇妙的催化剂，用于各种工业化学反应及汽车尾气净化。

* 俄语中，隐藏的美味（Прятина）和铂（Платина）拼写相似。

# 猫化学题

请找出所有价值连城的矿藏！

你都找到了吗？

请看矿藏图。

详见124页

知道吗，我的猫同事，不仅银、金、铂被称为贵金属（贵重元素），还有铂族金属——钯、铱、铑、钌、锇……
这只是你的想法！简直是胡说八道，无稽之谈。世界上只有一种真正的贵重元素。刚好接下来就是关于它的内容。

# 怎么样，你找到了吗？

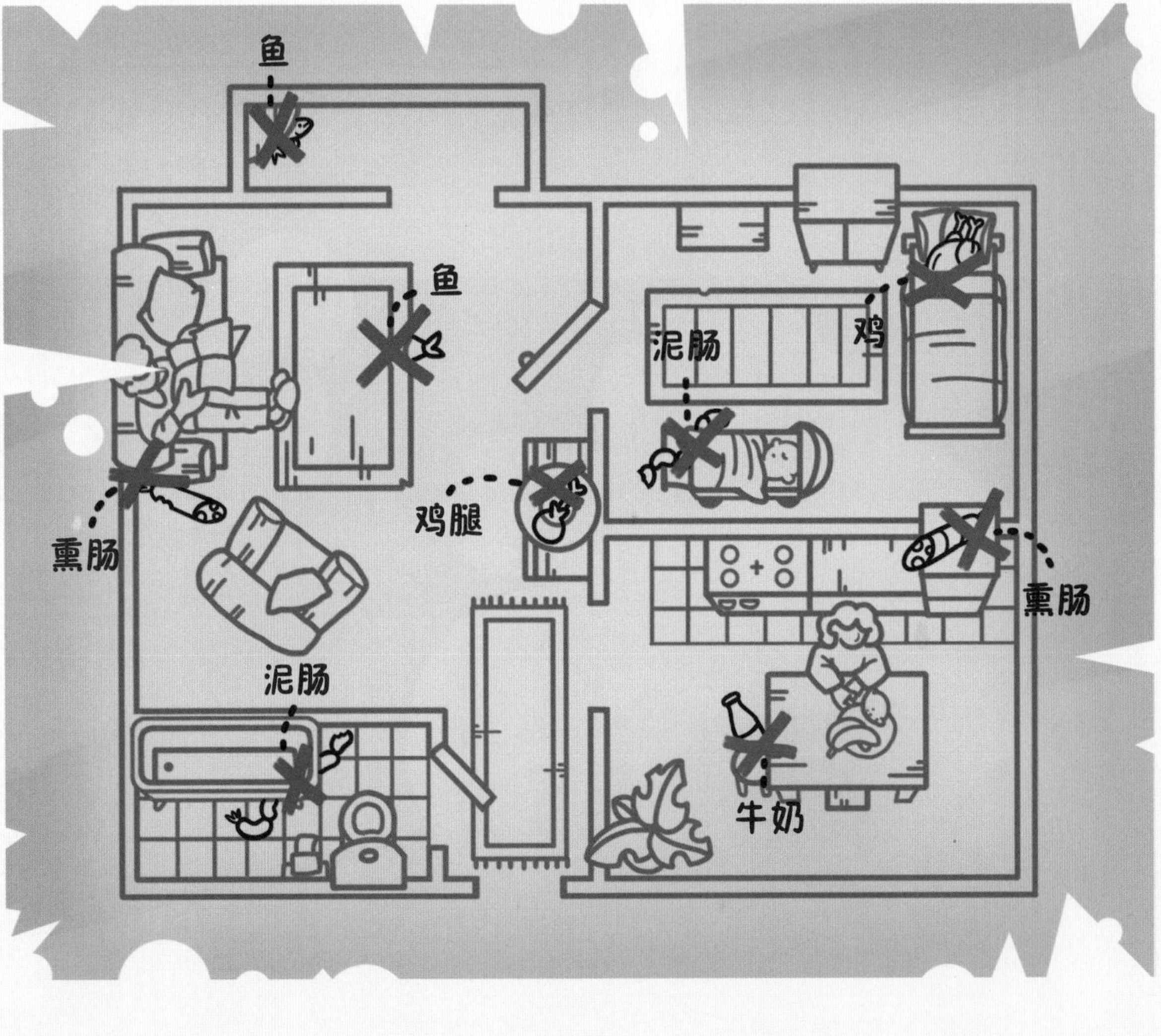

# 猫，就是猫！

您的猫闪闪发光！
难道是用金子做的？

它身体柔软，动作轻盈，极为珍贵！它是最完美的装饰，最心爱的陪伴！它是无价之宝，备受尊崇！它是生命中最美好的东西！简而言之，它就是我，我就是猫。

博学的猫……说的就是我！

每只猫都是金子，
即使不发光。

| | |
|---|---|
| 1 18 32 18 8 2 | 79 |
| 196.967 | Au |
| | Aurum |
| | 金（jīn） |

**金**无需介绍。这种柔软的黄色金属在拉丁语中被称为“Aurum”，意为黄色，所以金又称为黄金。很久以前，人类就在不断开采金，从天然金块到筛选矿石冶炼砂金，再到从海水中提炼被溶解的黄金。人们为什么要如此千方百计、大费周折呢？因为黄金稀有珍贵，自古以来就被当作货币使用。如今，虽然金币很少流通，但大多数国家都将黄金储备存放在安全的金库。

黄金看起来很漂亮，而且不会随着时间的推移变质或变黑，所以人们用它来制作首饰。金耐氧化，多应用于电子工业领域。您的手机、平板电脑和电脑里也有含有黄金的导体和接触触点。

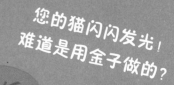

金的拉丁文学名是“Aurum”，这很可能是源于在黑暗的房间中搜寻黑猫，只听得到猫叫声——阿呜！阿呜！

黄金昂贵吗？某些品种的猫，如阿瑟拉猫或萨凡纳猫的价格更贵，每只小猫就高达几千美元！

在古埃及，人们认为黄金是神圣的。猫就更不用说了！

有观点认为黄金可以治疗某些疾病。猫也可以！“猫咪疗法”就是通过人与猫进行交流来治疗人类的心理疾病。

金是一种延展性很强的金属。1克黄金可以拉伸出2千米长的金丝！猫体态轻盈，柔韧婀娜。这种巧合实非偶然！

许多人非常喜欢猫，以至于把自己的一生都献给了猫，对金子也是如此！

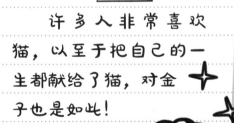

你一直说：猫是金子，猫是金子……黄金的真伪可以用酸来检验，但猫的真伪如何分辨呢？
这个简单！有肉馅吗？

# 猫化学实验

## 验证猫的真伪

将肉馅放入猫食盆中。选择距离猫食盆较远的地方，与“被验证者”站在同一起跑线上，做好准备，下口令：“各就各位，预备！寻找肉馅开始！”然后你快速在沙发上找个最舒服的姿势坐下，观察“被验证者”。如果那个傻瓜认为你会把肉馅放在猫食盆里，但仍置之不理、一走了之，那它一定不是猫！如果你真在猫食盆里放了肉馅，我们很抱歉，傻瓜不是猫，而是你……

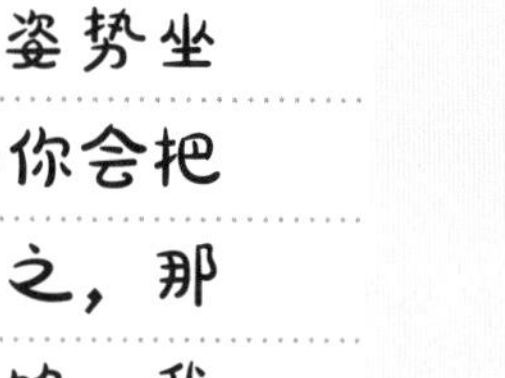

# 酸

多好的一个单
词：酸！

有些化合物被称为酸。其中大多数确实有酸的味道，但决不建议你品尝——这很危险。酸分子由氢原子和一组其他原子（酸根）组成，氢原子易被金属原子替代，这很重要！例如，在硫酸分子中，硫酸根由一个硫原子和四个氧原子组成，在硝酸分子中，硝酸根由一个氮原子和三个氧原子组成。在盐酸分子中，盐酸根由一个氯原子组成。

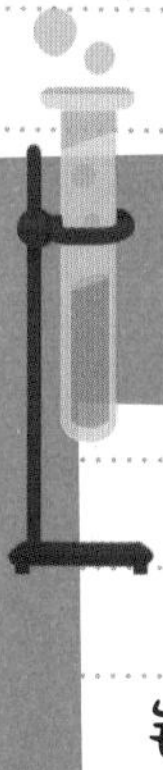

金不会与硝酸发生反应。铜和银则会与其发生反应。因此，可用硝酸检验黄金的真伪。

千万别用硝酸
来检验猫的真伪！

酸根……是指猫没吃完剩下的东西吗?

黄金和铂能被浓硝酸与浓盐酸的混合液溶解，这种非常危险的混合溶液被称为“王水”。

如果酸滴在金属上或将金属浸入酸中就会发生化学反应。金属原子会将氢原子替换出来。例如，把一块锌放进盐酸里就会冒出气泡——氢气开始被释放出来。当然，并不是所有金属与任何酸之间都能发生反应。例如，铜与稀盐酸就不会发生反应。

# 化学实验

当心，
不要伤害任
何一只猫！

请与成年人一起做实验！
他们会帮你清洗墙壁，如果……

除了酸以外，化合物中还有碱。易溶于水的碱，被称为“强碱”。酸与碱彼此相反，完全对立。它们相遇时会产生反应，互相中和。酸易与盐发生反应，有时反应还很剧烈。

就像猫与
狗相遇一样！

你一定能在厨房里找到一种酸，那就是醋或柠檬酸。而普通的小苏打（又名碳酸氢钠）就是一种盐。

请准备一个玻璃瓶和一个崭新的、没有吹过气的气球。将少许醋（或柠檬酸）倒入瓶中。将一茶匙小苏打倒入气球！再将气球紧紧套在玻璃瓶口上——要特别小心，以免小苏打提前落入瓶底发生反应。气球套住瓶口后，将气球立起并用力摇晃，小苏打即刻落入瓶中。醋（或柠檬酸）和小苏打（盐）会立即发生反应并释放二氧化碳。此时，气球渐渐膨胀起来！如果释放的气体足够多，气球与瓶口又套得足够牢，那么气球则有可能会被吹爆。

可以不用气球，换种方式做同样的实验。将肥皂液倒入装有醋的玻璃瓶中，再将小苏打直接倒入瓶中……哦，会发生什么呢！

# 旋转（转动）

谁能猜到水银和我的兄弟——猫赫耳墨斯有什么共同之处？

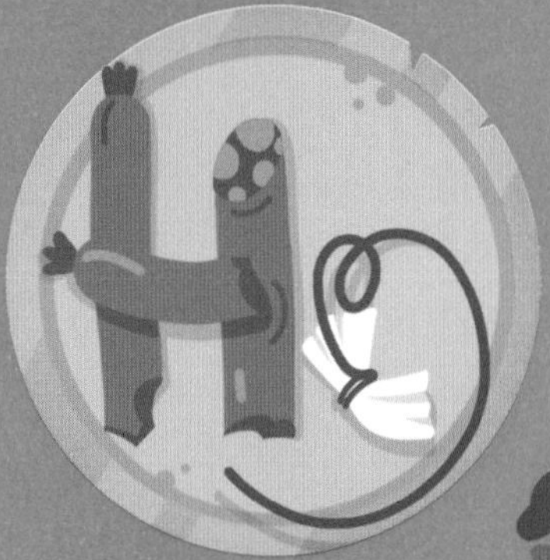

所有的猫，尤其是小猫，都喜欢旋转（转动）：追逐自己的尾巴、追随飘动的羽毛、追捕毛线上绑的纸条……当猫追赶许多东西时，旋转得非常棒。嘿，把激光笔拿开！在这种情境下我可无法写书！

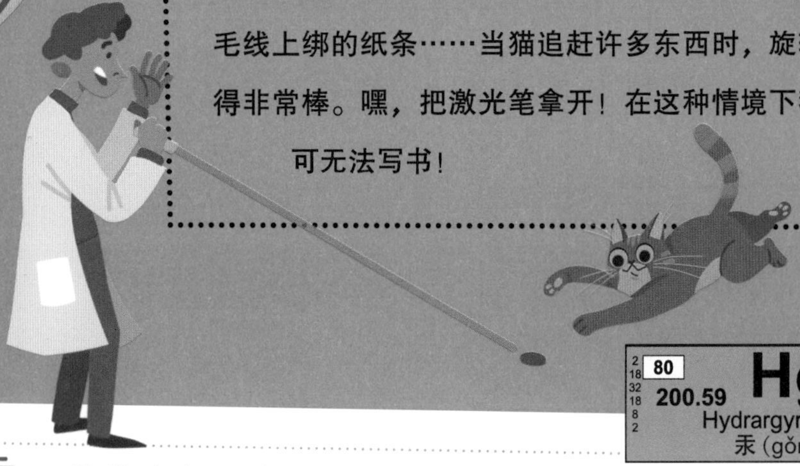

2 18 32 18 8 2
80
200.59
Hg
Hydrargyrum
汞（gǒng）

汞，俗称水银，拉丁语为“Hydrargyrum”，英语为“Mercury”。英语“Mercury”代表古代的水星之神墨丘利（又名赫耳墨斯）。他是商人……也是小偷们崇拜的守护神。这位神灵非常敏捷，头戴一顶插着双翅的头盔，脚穿飞行凉鞋，可以像猫一样在窗帘上健步如飞，你根本抓不到他。汞与这样的“守护神”完全吻合。

汞是金属，但是，是液体金属！它在-38℃时就会熔化成液体。很长一段时间，没有人相信汞是一种金属，直到罗蒙诺索夫和他的同事布朗教授发现它可以凝固。

汞被广泛应用于冶金及仪器（如医用温度计）的生产制造。这种光滑如镜的银色水滴非常漂亮，但也异常危险，因为汞蒸汽是有毒的！即使一支仅含有两克水银的温度计被意外摔碎，也需要做特别的除汞处理。因为即使是一小滴水银落到地毯上，也会威胁到全家人的健康。

我的猫同事，很高兴看到你终于继续写书了。下一个是什么元素？是铊吗？
什么，什么，猫从来没有腰*围。猫为什么要有腰呢？

*俄语中，铊（таллий）和腰（талия）拼写及发音相似。

# 抓住

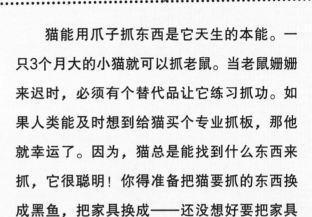

猫能用爪子抓东西是它天生的本能。一只3个月大的小猫就可以抓老鼠。当老鼠姗姗来迟时，必须有个替代品让它练习抓功。如果人类能及时想到给猫买个专业抓板，那他就幸运了。因为，猫总是能找到什么东西来抓，它很聪明！你得准备把猫要抓的东西换成黑鱼，把家具换成——还没想好要把家具换成什么……

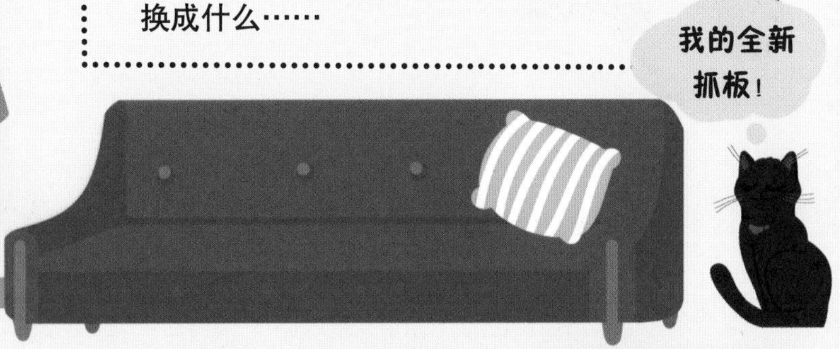

Tl 81 204.38 Thallium 铊（tā） 3 18 32 18 8 2

铊*是一种银色金属，但常温下会迅速氧化变成蓝灰色。它质地重且柔软，有剧毒，常作为合金添加剂生产制造各种仪器。铊与汞的合金即使在-60℃时仍能保持液态（单质汞-38℃时会变成固态），因此，用这种合金制成的温度计可用于测量超低温度。

* 俄语中，抓住（Хваталлий）和铊（Таллий）拼写相似。

吉尼斯世界纪录中脚趾最多的猫是加拿大猫“杰克”。它每只爪子上都有7根脚趾。通常猫的前爪有5根脚趾，后爪有4根。

有些野猫走路时脚趾无法像家猫一样收缩。因为现在流行与野猫繁育家猫品种，所以有些家猫也长出了类似的脚趾。

这就是我所理解的——猫天生“抓功高强”的原因！

# 扑通

“扑通”是猫喜欢的做法，出其不意，攻其不备。突然从某个地方扑到另一个地方。比如从窗帘扑到主人的肚子上。此时，加上助跑会比较好！在主人饱餐后会更好！在主人饱餐后酣然入梦时最好！始料不及的一声巨响“扑通！”——声音越大效果越好，越出乎人们意料。“扑通”是有安全保障的！

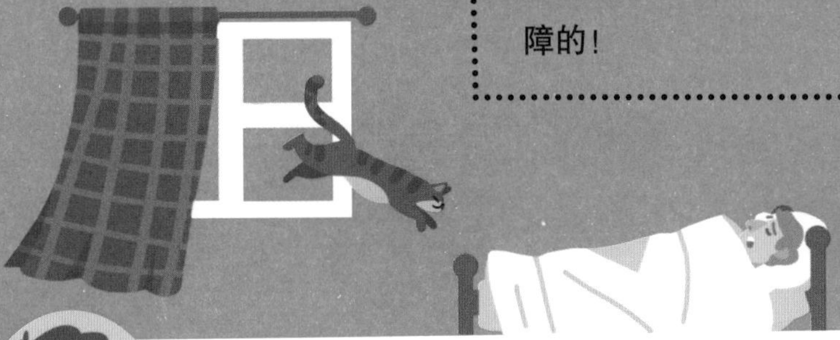

Pb 82 207.19 4 18 32 18 8 2
Plumbum
铅（qiān）

铅*的拉丁文为“Plumbum”。它是人类最熟悉的金属之一，呈灰蓝色。铅质地柔软，熔点较低，延性弱，展性强。铅不适合铸剑或造犁，因为制成品容易弯曲而且笨重。至于用铅制造铅锤、水杯或水管，倒是可以。（当然，现在人们已经知道铅有害身体健康，所以再也不像古罗马人那样用铅来制造水管和水杯了。）铅是电池、颜料及建筑材料的原材料，也是合金的添加剂。

* 铅的拉丁文名用俄文书写时（плюмбум）与扑通（Плюхбум）拼写相似。

# 化学字谜游戏

铅没有金或铂重，但也不轻。化学字谜没有猫波塞冬的习题复杂，但也不简单。是我自己编写的！

“西边一抹金光色，东边自上六树顶。”整个字代表一种金属，在元素周期表上第4行。

镍

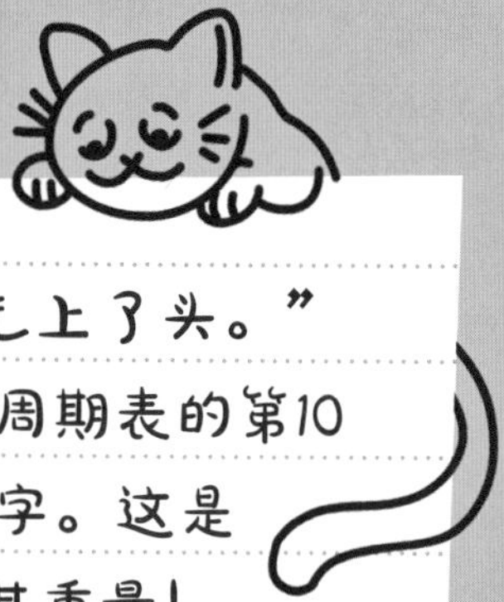

“仍不要人，气上了头。”化学家可以在元素周期表的第10号表格中找到这个字。这是一种气体，很难称其重量！

氖

“汽车送了水，换来一只羊。”这是一种双原子气体。没有它，潜水员无法下水。

氧

# 法国猫

法国沙特尔蓝猫，贵族中的贵族，长着一对橙色的大眼睛，全身上下都是蓝灰色的毛。没人知道这种猫的真正起源，据说是在一家修道院中培育出来的，也有传说是被人从外国带到法国的。有一段时间里，这种猫因为美丽的皮毛而差点灭绝。

钫*是地球上最稀有的元素之一。整个地壳中钫的含量不足三分之一千克。门捷列夫曾预言放射性金属钫的存在。法国女科学家玛格丽特·佩雷发现了它，并以她的祖国命名。钫价格昂贵，难以制得，制得后转瞬衰变，因此，人类还没有想出如何使用它。

* 俄语中，法国（Франция）与钫（Франций）拼写相似。

# 法国的猫化学题

一个古老的法国小镇，街道都很狭窄，猫都很高傲。镇上住着两只漂亮的猫，一只黑猫，一只白猫。

黑猫养着一位黑伯爵。当然，黑伯爵认为是他养了一只猫——人总是这么想，我们猫是知道的！黑伯爵总是穿黑色的衣服。

白猫养着一位白伯爵夫人。白伯爵夫人只穿白色衣服。

黑伯爵有一座带阳台的黑色洋房，白伯爵夫人在街对面有一座带阳台的白色洋房。每天，两只猫沿着与自己同色的阳台围栏散步，并以此为傲。

但有一天，黑伯爵和白伯爵夫人突然决定结婚。

**他们应该如何选择共同的姓氏，才能让两只猫都满意呢？**

**人活着最重要的是让他的猫心满意足、快乐幸福。不是吗？所以这对夫妇应该有一个复姓，比如黑白。**

# 猫化学题

看看这里有多少种不同的猫元素！你认得它们吗？

答案：窗帘、鲤鱼、牦牛鼠、俄罗斯蓝猫、特工、马戏团、印度草原斑猫、碘。当然还有猫！只是普通的猫。

# 呼噜噜

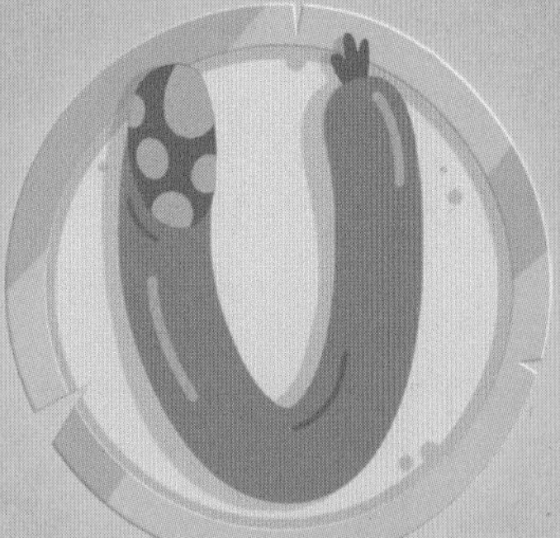

呼噜噜是走向成功的能量之源，完全由猫生产制造。该元素很长时间处于高度机密状态。有一天，聪明的人突然意识到：养猫才是正道！牛顿可能知道“呼噜噜”，但可以肯定的是，国际象棋世界冠军亚历山大·阿廖欣的猫参加了所有的比赛，它还在棋盘上踱来踱去嗅着棋子。可以说阿廖欣的一生是战无不胜的吗？也许威尼斯的玻璃工匠们也猜到了：穆拉诺的玻璃制品会享誉世界。

| | |
|---|---|
| 2<br>8<br>18<br>32<br>21<br>9 | 92 |
| 238.03 | U |
| | Uranium<br>铀（yóu） |

铀*是一种核燃料，是常见的放射性金属元素，质地重，早已为人类所知。门捷列夫认为铀是已知元素中最重的金属，将其置于元素周期表中最远的格子里。当时，铀还没有什么特殊的用途。随着原子能研究的发展，一切都发生了变化！铀235已成为核反应堆的主要燃料和原子弹的核心元素。铀的其他同位素也广泛应用于冶金和军事（制造装甲和炮弹）领域。

*俄语中，猫的呼噜声拟声词（Мур）与意大利威尼斯的穆拉诺岛（Мурано）和铀（Уран）拼写相似。

# 冥王星

## 不是骗子的猫，不是猫！

在猫的传说中，商人、骗子和小偷的信奉之神赫耳墨斯曾变成了一只猫，从与我同名的海神波塞冬那里偷走了一只三叉戟——一个大叉子，上面叉着一根巨大无比、美味可口的克拉科夫香肠。后来三叉戟找到了，但香肠却无影无踪。从那以后，所有的猫都诡计多端，并以此为傲！

| 2 8 24 32 18 8 2 | 94 | Pu |
| --- | --- | --- |
| | 244.06 | Plutonium 钚（bù） |

钚*是所谓的超铀元素，在元素周期表中位于铀之后。铀在当时被认为是最后一种元素，事实上，从那时到现在，人们已经发现了二十多种超铀元素。顺便说一句，为了纪念冥王星，人们最初也想用猫元素“冥王星”来命名这个元素，但后来选择了一个更响亮的名字——钚。钚是放射性元素，有毒，易自燃。总之，不能作为礼物。尽管代价不菲，人们仍不遗余力地用铀制取钚。钚是制造核武器的原料，也是核反应堆能源，如用于执行长途飞行任务的航天器——火星探测器就是由钚提供的能源。

* 俄语中，冥王星（Плутон）和钚（Плутоний）拼写相似。

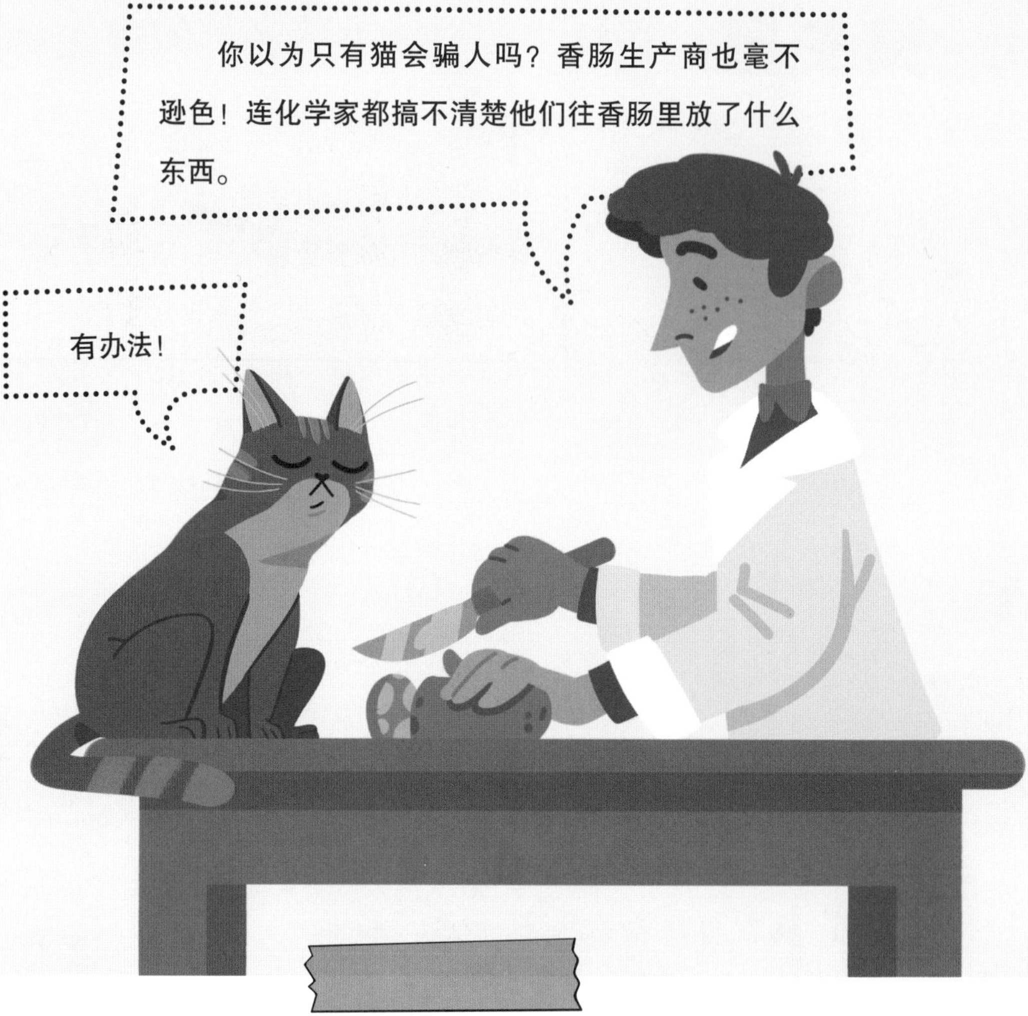

你以为只有猫会骗人吗？香肠生产商也毫不逊色！连化学家都搞不清楚他们往香肠里放了什么东西。
有办法！

这是公开的秘密，人尽皆知。香肠中除了肉馅外，还有各种添加剂：面粉，淀粉，植物蛋白（如大豆蛋白），亚硝酸钠——也就是食品添加剂（使香肠呈粉红色，不易变质），着色剂和谷氨酸钠。如果生产商是个骗子，他们可能会完全“忘记”放肉馅，就是说：大豆蛋白加谷氨酸钠等于香肠。当然，外包装上有食品成分表——请仔细阅读。但猫化学的分析更可靠！

# 猫化学分析

您怀疑香肠里是否有肉？

交给猫分析一下吧！

猫天生就是化学家！

香肠里有老鼠尾巴？真是上好的香肠！

原来奶牛是由大豆组成的！

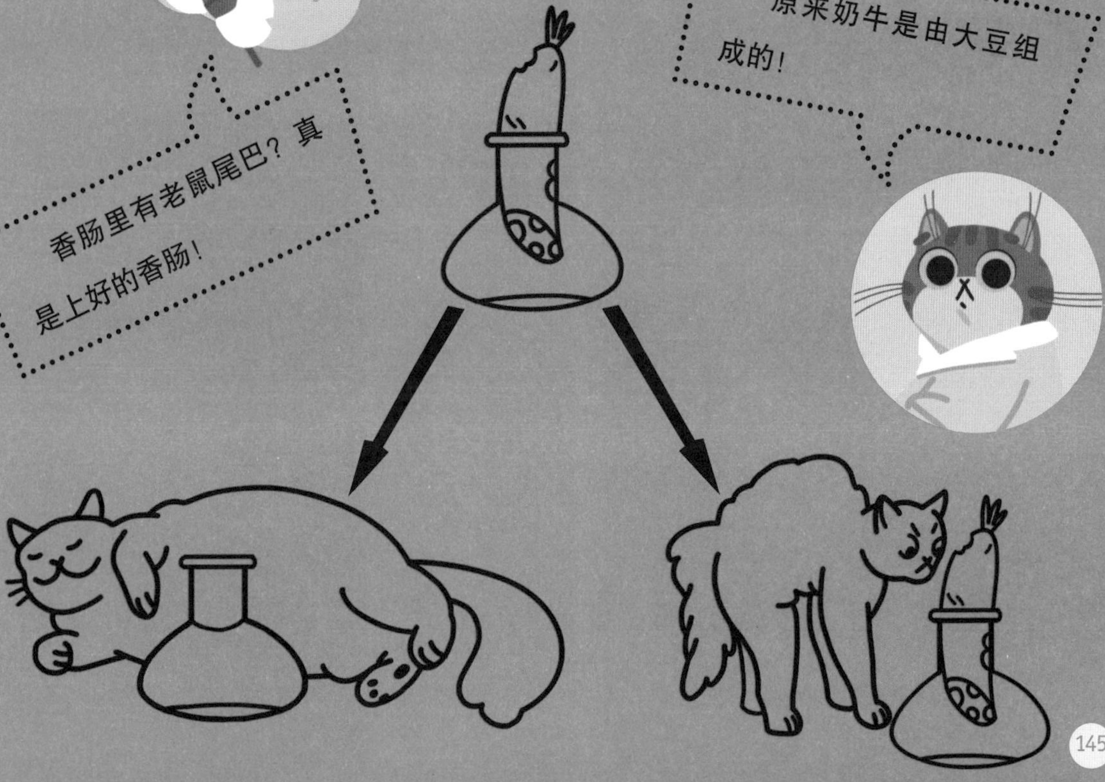

# 猫化学定律

## 猫质量守恒定律

香肠不见了，它和猫发生了反应？还是与空气发生了反应？如何判断呢？很简单！参加化学反应的各物质的质量总和等于反应后生成的各物质的质量之和。猫自身的质量与猫食的质量之和等于猫与猫食发生反应后的猫的质量。该定律也适用于香肠！

不明白吗？

是的，给猫称重！

你看，多么瘦弱啊？

## 猫的智商完胜科学家

声名远扬的英国化学家罗伯特·波意耳最先开始煅烧金属的实验，他先称重金属片，再用火加热后重新称重。每次金属片的质量都会增加。实验累了，他就用同一火源烤了一块肉，没有和任何人分享，一个人全吃了。这可是个致命的错误！

俄罗斯科学家米哈伊尔·罗蒙诺索夫与波意耳截然不同，他先把肉烤好，然后与猫一起分享。因为，罗蒙诺索夫为人正直、慷慨大方、心胸开阔、宠爱小猫。当然，这只感恩的猫马上劝说罗蒙诺索夫不要在露天环境下煅烧和称重金属，而要在密封的容器里煅烧和称重。虽然金属本身的质量实际上在煅烧过程中增加了（我们现在知道，这是由于增加了参与反应的氧气的质量），但包含金属在内的容器总质量保持不变。“这就意味着质量没有任何增加！”罗蒙诺索夫明白了，于是把剩下的肉都给了猫。然后，他站到记录台（那个时代，人们通常不是在办公桌前写字，而是在有写字板的记录台上记录）后面写下了质量守恒定律：

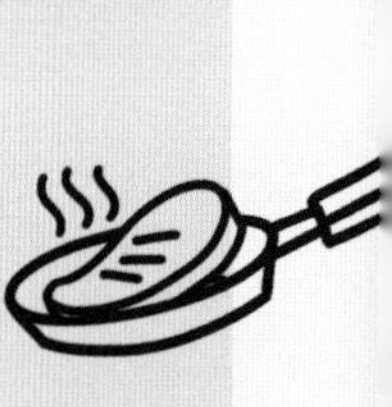

**“自然界中一切变化的实质是，某一物体增加多少，另一物体就会减少多少。”**

猫坐在旁边，鼓励地点点头。

我们的工作结束了吗？还需要写点什么吗？
当然。我还有一个笑话要讲，你一定会喜欢的！
$H_2O$

# 假扮那些自以为精通化学的高年级学生！

事实证明，任何水管里都含有一种叫作一氧化二氢的物质。这种物质无色、无味，但是它——

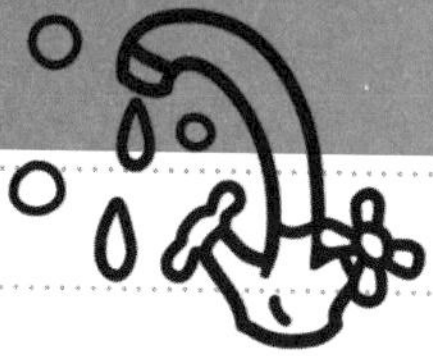

吸入后容易引发窒息。

电解后会变成气体。

皮肤与其固态形式长时间接触会导致损伤。

它是酸雨的一种成分。

进入电子设备内部可将其腐蚀。

可引起水土流失，加速铁锈生长。

最重要的是，只要接触它就会上瘾！人类长期离开它就会身亡。

很恐怖，不是吗？但在你跑去要求禁止这种危险的化学物质之前，请回答：这是什么？

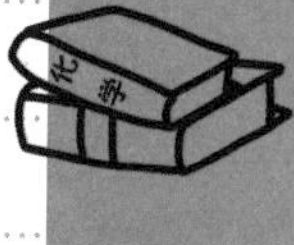

一氧化二氢，水的名称之一！所以，我们关于水分子式（$H_2O$）的描述是：两个氢原子加上一个氧原子。上面这个关于一氧化二氢的笑话是很多年前一些有趣的学生发明的，用来取笑那些不懂化学的人。他们成功了！某些人甚至为禁止这种可怕的毒药而收集签名！

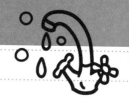

很遗憾，我们这本“猫化学爪稿”到此就结束了！化学是一门神奇的科学，化学知识浩瀚无边，特别是在猫的参与下……唉，要是我没吃完秋刀鱼就好了，那可是波塞冬的最爱，也是它的软肋！说不定有了秋刀鱼，它还会有更多、更伟大的发现！就我个人而言，我很愿意继续我们的工作，可惜的是，我们无法将毫无耐心的猫留在办公桌前。但是，作为作者和出版商，我们真心希望能为小猫咪和小朋友们送上一些有用的知识。更重要的是，激发他们对化学的兴趣，了解这门奥妙无穷、变幻莫测的科学。

**为此，我们已竭尽全力！**

# 欢迎大家阅读本系列图书

猫物理也是一门重要科学。物理学是研究各种自然现象的科学。而猫认为，它是最主要的自然现象，所以，猫物理是主要的科学之一。

——猫宙斯

图书在版编目（CIP）数据

我的化学启蒙书 /（俄罗斯）伊琳娜·戈留诺娃，（俄罗斯）阿列克谢·利萨琴科著；汪吉译 .-- 上海：少年儿童出版社，2023.1
（和猫一起学科学）
ISBN 978-7-5589-1460-7

Ⅰ.①我… Ⅱ.①伊… ②阿… ③汪… Ⅲ.①化学－少儿读物 Ⅳ.① 06-49

中国版本图书馆 CIP 数据核字 (2022) 第 237197 号

著作权合同登记号：图字 09-2019-952

和猫一起学科学

**我的化学启蒙书**

[俄罗斯] 伊琳娜·戈留诺娃 [俄罗斯] 阿列克谢·利萨琴科 著
汪 吉 译

出版人 冯 杰
责任编辑 张亚丽 美术编辑 陈艳萍
责任校对 黄亚承 技术编辑 谢立凡

出版发行 上海少年儿童出版社有限公司
地址 上海市闵行区号景路 159 弄 B 座 5-6 层 邮编 201101
印刷 上海盛通时代印刷有限公司
开本 889 × 1194 1/24 印张 6.333
2023 年 1 月第 1 版 2023 年 1 月第 1 次印刷
ISBN 978-7-5589-1460-7 / G · 3714
定价 58.00 元